水产养殖业绿色发展技术丛书

四大家鱼
绿色高效养殖

 技术与实例

农业农村部渔业渔政管理局　组编
梁宏伟　主编

SIDAJIAYU
LÜSE GAOXIAO YANGZHI
JISHU YU SHILI

U0246464

中国农业出版社
北　京

丛书编委会

本书编写人员

主　编　梁宏伟

副主编　张成锋　刘翀　孟彦　叶霆

参　编　（按姓氏笔画排序）

叶雄平　许艳顺　李胜杰　李海洋

邹桂伟　张星朗　郁二蒙　罗相忠

周　勇　赵恒彦　施礼科　姜　鹏

蒋昕臻　魏泽能

丛书序

2019 年，经国务院批准，农业农村部等 10 部委联合印发了《关于加快推进水产养殖业绿色发展的若干意见》（以下简称《意见》），围绕加强科学布局、转变养殖方式、改善养殖环境、强化生产监管、拓宽发展空间、加强政策支持及落实保障措施等方面作出全面部署，对水产养殖业转型升级具有重大意义。

随着人们生活水平的提高，目前我国渔业的主要矛盾已经转化为人民对优质水产品和优美水域生态环境的需求，与水产品供给结构性矛盾突出与渔业对资源环境的过度利用之间的矛盾。在这种形势背景下，树立"大粮食观"，贯彻落实《意见》，坚持质量优先、市场导向、创新驱动、以法治渔四大原则，走绿色发展道路，是我国迈进水产养殖强国之列的必然选择。

"绿水青山就是金山银山"，向绿色发展前进，要靠技术转型与升级。为贯彻落实《意见》，推行生态健康绿色养殖，尤其针对养殖规模大、覆盖面广、产量产值高、综合效益好、市场前景广阔的水产养殖品种，率先开展绿色养殖技术推广，使水产养殖绿色发展理念深入人心，农业农村部渔业渔政管理局与中国农业出版社共同组织策划，组建了由院士领衔的高水平编委会，依托国家现代农业产业技术体系、全国水产技术推广总站、中国水产学会等组织和单位，遴选重要的水产养殖品种，邀请产业上下游的高校、科研院所、推广机构以及企业的相关专家和技术人员编写了这套"水产养殖业绿色发展技术丛书",宣传推广绿色养殖技术与模式,以促进渔业转型升级,保障重要水产品有效供给和促进渔民持续增收。

这套丛书基本涵盖了当前国家水产养殖主导品种和主推技术,围绕《意见》精神,着重介绍养殖品种相关的节能减排、集约高效、立体生态、种养结合、盐碱水域资源开发利用、深远海养殖等绿色养殖技术。丛书具有四大特色:

突出实用技术,倡导绿色理念。丛书的撰写以"技术+模式+案例"为主线,技术嵌入模式,模式改良技术,颠覆传统粗放、简陋的养殖方式,介绍实用易学、可操作性强、低碳环保的养殖技术,倡导水产养殖绿色发展理念。

图文并茂,融合多媒体出版。在内容表现形式和手法上全面创新,在语言通俗易懂、深入浅出的基础上,通过"插视"和"插图"立体、直观地展示关键技术和环节,将丰富的图片、文档、视频、音频等融合到书中,读者可通过手机扫二维码观看视频,轻松学技术、长知识。

品种齐全,适用面广。丛书遴选的养殖品种养殖规模大、覆盖范围广,涵盖国家主推的海、淡水主要养殖品种,涉及稻渔综合种养、盐碱地渔农综合利用、池塘工程化养殖、工厂化循环水养殖、鱼菜共生、尾水处理、深远海网箱养殖、集装箱养鱼等多种国家主推的绿色模式和技术,适用面广。

以案说法,产销兼顾。丛书不但介绍了绿色养殖实用技术,还通过案例总结全国各地先进的管理和营销经验,为养殖者通过绿色养殖和科学经营实现致富增收提供参考借鉴。

　　本套丛书在编写上注重理念与技术结合、模式与案例并举，力求从理念到行动、从基础到应用、从技术原理到实施案例、从方法手段到实施效果，以深入浅出、通俗易懂、图文并茂的方式系统展开介绍，使"绿色发展"理念深入人心、成为共识。丛书不仅可以作为一线渔民养殖指导手册，还可作为渔技员、水产技术员等培训用书。

　　希望这套丛书的出版能够为我国水产养殖业的绿色发展作出积极贡献！

　　　　　　农业农村部渔业渔政管理局局长：

　　　　　　　　　　　　　　　　2021 年 11 月

前　言

近年来，"绿水青山就是金山银山"的理念已经深入人心，成为全民共识。随着水产养殖业产业结构持续优化和可持续发展现实需求不断增加，以渔保水、以渔养水越来越受到人们的重视，业已成为净水渔业发展的重要抓手。2019 年，农业农村部等 10 部委印发了《关于加快推进水产养殖业绿色发展的若干意见》，更是将净水渔业地位提高到了前所未有的高度。

青鱼、草鱼、鲢和鳙并称为"四大家鱼"，在我国养殖历史悠久，被渔民广泛养殖，是人们最主要的食用鱼类。作为重要的大宗淡水鱼类，2019 年四大家鱼养殖总产量为 1 312.45 万吨，占到全国淡水养殖产量的 43.5%，其中草鱼养殖产量达 553.3 万吨，位居世界首位，为中国水产品优质蛋白的供给做出了巨大贡献。同时，四大家鱼中的鲢和鳙以浮游生物为食，草鱼以水草、陆生旱草等为食，青鱼以螺蛳、河蚌等为食，是典型的绿色鱼类和碳汇鱼类，生态效益显著。

本书的编写以绿色发展理念为核心，内容丰富，突出科学性和实用性，内容包括四大家鱼养殖概况、基本生物学特性和水产新品种、绿色高效养殖技术、绿色高效养殖案例、加工和美食等内容。本书由梁宏伟负责设计、修改和定稿，其中刘翀和蒋昕臻编写第一章，梁宏伟编写第二章，邹桂伟、罗相忠、孟彦、周勇、李胜杰、姜鹏和郁二蒙编写第三章，叶雄平、李海洋、赵恒彦、张星朗、叶霆、施礼科和魏泽能编写第四章，张成锋和许艳顺编写第五章，梁宏伟、张成锋、刘翀、叶雄平和邹桂伟负责统稿。本书以通俗易懂、深入浅出、寓教于乐的方式向读者介绍了四大家鱼的营养价值、生态价值和文化价值，使读者犹如亲身经历千岛湖巨网捕鱼、查干湖冬捕。本书汇集大量养殖典型模式和案例，能为广大养殖者提供可资借鉴的养殖模式和技术，实用性强。同时书中还向广大读者介绍了四大家鱼的加工和美食，以期给广大消费者直观的印象，使大家对舌尖上的四大家鱼有更加深刻的认识，让大家在品味美食的同时了解渔文化。

由于编者水平有限，书中难免存在疏漏和不足之处，恳请广大读者和同行批评指正。

编　者

2022 年 6 月

目 录 CONTENTS

1

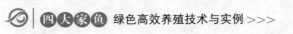

第一章 四大家鱼养殖概况

第一节 四大家鱼的价值

青鱼、草鱼、鲢和鳙并称为中国的"四大家鱼",是我国养殖最为广泛的淡水鱼类,也是老百姓餐桌上最普通的水产品。

一、营养价值

随着人民生活水平的提高和膳食结构的改变,越来越多的人认识到了鱼的营养价值,意识到了吃鱼的益处,对水产品的消费也持续增加。四大家鱼营养成分丰富,肌肉中粗蛋白含量为15.8%～18.0%;粗脂肪含量,青鱼为14.1%,鲢为5.56%,鳙和草鱼则分别为1.08%和0.62%,属于典型的高蛋白、低脂肪的优质动物蛋白。食用四大家鱼对人体健康具有诸多的益处,能保护心脑健康,有效减少心血管系统疾病的发生,降低患心脏病和中风发生的概率;在改善消化功能、延缓衰老和抵御慢性病以及提高认知力等方面具有重要作用。

现代营养学理论认为,食物中蛋白质的必需氨基酸组成越接近人体蛋白,营养价值就越高。必需氨基酸指数(EAAI)是评价蛋白质营养价值的最常用指标之一,它以鸡蛋蛋白质必需氨基酸为评价标准,数值愈大,表明营养价值愈高。人体蛋白的支链脂肪酸/芳香族氨基酸值为3.0～3.5,而草鱼肌肉的支链脂肪酸/芳香族氨基酸值为 2.93，非常接近正常人体蛋白的水平，符合人体饮食健康需求。草鱼肌肉的营养成分组成相对平衡，是一种营养价值较好的水产品。四大家鱼富含欧米伽-3（Omega-3）脂肪酸，肌肉中富含二十碳五烯酸（EPA）和二十二碳六烯酸（DHA），其中 DHA 的含量为 4.4%～15.8%。鳙的腹部肌肉拥有 16 种脂肪酸，不饱和脂肪酸的相对含量为 69.77%，其中多不饱和脂肪酸为 28.80%，主要的不饱和脂肪酸成分为油酸，含量达到 34.66%；DHA 和 EPA 的含量也较高。中国人在日常的饮食中经常会提及吃哪补哪，如吃脑补脑，这是有一定的科学依据的。四大家鱼的脑营养丰富，富含不饱和脂肪酸，被称为"脑黄金"的 EPA 和 DHA 含量都较高。DHA 具有促进婴幼儿神经系统发育和提高记忆力的功效。同时，鱼脑脂肪含有 40 多种挥发性风味物质；鱼脑中磷脂含量丰富，其中磷脂酰乙醇胺（脑磷脂）、磷脂酰胆碱（卵磷脂）和磷脂酰丝氨酸含量都较高，有助于提高智力和改善记忆力。鱼脑中脂肪还具有一定的抑菌效果和抗肿瘤活性，也可诱导癌细胞的凋亡。

四大家鱼含有丰富的维生素和矿物质，尤其以磷和维生素 B_{12} 的含量较高，这些都是人体正常生命活动所需要的。四大家鱼还含有丰富的有益脂肪酸、蛋白质和抗氧化剂，这些物质具有提高免疫力、抗氧化和平衡激素等功效。独特的营养成分使四大家鱼成为人类获取优质蛋白质的理想食物。另外，四大家鱼富含的微量元素锌经常人们被忽视，虽然锌缺乏不像缺铁或缺钙引起的症状那样明显，但是会造成人体免疫系统的损伤。青鱼脑中锌的含量为 37.04 毫克/千克，鲢鱼脑中锌的含量是鱼肉的 10 倍左右。

二、历史文化价值

（一）四大家鱼养殖的由来

如果有人跟我们说"从过去吸取教训"或"从古代历史中学习知识"，我们会突然想起那些单调的历史课和纪录片，然而就水产养殖而言，一些历史知识既有趣又极具启发性。

在我国，养鱼并不是什么新鲜事，它贯穿于整个文明的发展史。四大文明古国虽然均在水域之滨，但是中国是唯一一个形成了完整渔文化体系的国家，从旧石器时期山顶洞人的鱼骨装饰和简陋的渔猎工具，到新石器时期的彩陶，渔文化逐渐成为人类生产活动与精神创造的对象。最新的研究认为，早在8 000年前的新石器时代早期，中国就已开始人工养殖鲤，研究人员在河南省大约公元前6000年的贾湖遗址中发现鱼骨，重新界定了世界水产养殖开始的时间，将水产养殖开始时间提前了4 500年。以往关于养鱼最古老的记录来自公元前3500年的中国，鲤是可以用来养殖的想法，很可能是鲤在雨季被冲进稻田时古人受到启发产生的，后来自然也就产生了建造池塘的想法。公元前1400年，已有对偷鱼者的刑事起诉记录。

公元前475年，养鱼鼻祖范蠡编写了第一部水产养殖文献——《养鱼经》，内容包括池塘建造、池塘维护和选鱼等。在唐朝（公元618—907年），因为"鲤"的发音听起来与皇室"李"姓一样，鲤被禁止捕捞、养殖、售卖和食用，禁令对当时的鲤养殖业造成了极大的影响，然而也刺激了其他鱼养殖的发展。在禁令之下，人们开始寻找新的养殖对象，捕捞江中大量的天然野生鱼苗进行池塘养殖并获得成功，从而筛选出适合池塘养殖的四大家鱼，其养殖也就此开始。

四大家鱼在同一池塘中以不同的饵料为食，占据了不同的生态位，可将其他水产养殖对象未利用的饵料和排泄物转化为浮游生物和水生植物生长的肥料，这种多营养层次综合养殖模式不仅经济高效、空间利用率高，而且减少了水产养殖中的资源浪费和环境污染。这种养殖模式作为"绿色高效"养殖模式沿用至今。

（二）渔业文化的发展

"十二五"以来，根据国家渔业产业结构调整优化的需要，休闲渔业得以迅速发展起来，成为都市农业和休闲农业的重要组成部分。作为四大家鱼渔文化的代表，查干湖冬捕和千岛湖巨网捕鱼越来越凸显出巨大的社会、经济和文化价值。

1. 查干湖冬捕

查干湖冬捕，即查干湖冬季冰雪捕鱼，是吉林省松原市前郭尔罗斯蒙古族自治县的一项传统渔业生产作业方式，可追溯到辽金时期。2004 年查干湖冬捕被中国城市研究会依据《亚太人文生态价值评价体系》列入"中华百大美景奇观"（图 1-1）；2006 年查干湖冰雪捕鱼旅游节被中国旅游产业年会评为"中国十大生态类节庆"（图 1-2）；2008 年，查干湖冬捕被国务院确定为国家级非物质文化遗产，查干湖旅游区被文化部确定为国家级非物质文化园区。2018 年，习近平总书记视察查干湖生态保护时强调，绿水青山、冰天雪地都是金山银山，保护生态和发展生态旅游相得益彰，这条路要扎实走下去。

查干湖冬捕通过祭祀仪式宣告捕捞活动正式拉开帷幕。其仪式包含两方面内容：一是宗教祭祀仪式，又叫"祭湖醒网"；二是捕获头鱼活动。

"祭湖醒网"仪式，意在祭祀湖神、唤醒冬网，奉拜天地父母，保佑万物生灵永续繁衍、百姓生活幸福安康。祭祀活动极富有民族特色，内容丰富，对于供桌、供品、出场人物以及出场顺序都有严格的定数和定序，不能出现偏差。通常，仪式由当地德高望重的老人或渔把头主持，在开网眼的冰面上，摆放供品，点燃香火、炭火锅，说赞语祝词，祝愿冬捕平平安安，多出鱼、出好鱼。查干湖冰封如镜，冰面上人山人海，热闹非凡。当主持人宣布"醒网、祭湖仪式开始"时，鼓乐队奏乐，喇嘛诵经，渔把头随即登场。手持哈达和奶酒的蒙古族少女和手拎奶桶的蒙古族青年走进"醒网"场地，为渔工们壮行，喇嘛们诵念经文。渔把头诵祭湖词；祭湖词完毕，渔把头面对"湖眼"诵醒网词。醒网词完毕，查干湖湖面上顷刻之间就沸腾起来。渔把头高喊"拿酒来，喝酒壮行"，渔工们将浓香的奶酒一饮而尽，随后渔把头高声再喊"进湖，收红网，鸣喜炮，出发！"

祭祀活动结束，冬捕人员赶着马车出发，在事先选定的地点下

4

好网，套马拉动绞车，从冰洞内向外收网。随着第一网鱼被拉出冰面，头鱼被拖出冰面，举世闻名的冬捕奇观正式开始。一尾尾头鱼被现场拍卖，尽管头鱼价格要比普通鱼高出很多（甚至高达上百万元），但是仍然吸引了众多的参与者，他们相信吉祥的鱼能带给自己吉祥如意，生活将更加美满幸福。

查干湖冬捕使中国北方冬捕渔文化发展到了极致。

图 1-1 查干湖冬捕

图 1-2 冰雪捕鱼旅游节盛况

2. 千岛湖巨网捕鱼

千岛湖，即新安江水库，位于中国浙江省杭州市淳安县境内，是 1955 年因建新安江水库而成的人工湖，因有 1 078 个大小形态各异的岛屿而得名千岛湖。千岛湖总蓄水量可达 178 亿米^3，相当于 3 000 个西湖的大小，故郭沫若对其赞曰："西子三千个，群山已失高。峰峦成岛屿，平地卷波涛。电量夺天日，降威绝旱涝。更生凭自力，排灌利农郊。"千岛湖拥有种类繁多的淡水鱼类，年均捕鱼量达到 4 000 吨。千岛湖的渔文化在先辈的繁衍生息中孕育而生。近年来，休闲渔业发展迅猛，鱼跃人欢的巨网捕鱼已经发展成为千岛湖独具特色、最具核心竞争力和最吸引游客的项目，被誉为"中华一绝"（图 1-3）。

巨网捕鱼是千岛湖有机鱼生产的最后一个环节，其运用"赶、拦、刺、张"联合渔具渔法，将赶网、刺网、拦网和定置张网有机结合起来使用，利用赶网和拦网对鱼群进行包围、截拦和驱赶，迫使被包围的鱼群进入定置的张网中。这是集中捕鱼的一种捕捞方式，也是中国水库捕捞的主要方法。一般捕捞队乘两条大船和二十多艘小船抵达目标渔场，浩浩荡荡如巨龙翔游，此为一景。到达渔场后设置拦网作为封锁线，撒下张网作为埋伏圈，在赶网与拦网之间放下刺网，驱赶大鱼进入埋伏圈，渔船撒网如天女散花，此为二景。埋伏圈内的成鱼达到一定数量后，开始收网，在渔工们整齐有力的号子声中，鱼儿集中于网中，鱼跃奔腾，水花飞溅，一派丰收的景象，此为三景。其实，壮观景象的背后是几代科研人员的智慧结晶，巨网捕鱼技术曾获 1978 年中国科技大会重大成果奖，其主要采用四种网具：第一种是赶网，主要将远端的鱼类拦住，逐渐赶进张网；第二种是拦网，长 4 000 米、高 65 米，主要用来包围鱼群；第三种是刺网，主要用来驱赶鱼群进入埋伏圈；最后一种是张网，长 100 余米、高 35 米，形状像畚斗或口袋，鱼儿进得去出不来，主要用于集鱼和取鱼，由此达到捕鱼的目的。巨网捕鱼不仅带动了千岛湖有机鱼的销售，更促进了休闲旅游产业的发展。

那么网中的鱼是怎么来的呢？这还要从捕鱼的前一天说起，寻找渔场可是捕捞师傅们的独门绝技。由于鱼儿在凌晨、傍晚会跳出水面透气，可根据种类、体形和大小不同的鱼跳出水面发出不同的声响，以及水面上飘来的淡淡的鱼腥味来判断水中鱼群的规模。清

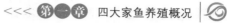

图 1-3 鱼跃人欢

晨天蒙蒙亮时，经验丰富的师傅们划着小船在千岛湖水面上，或听、或看、或闻，侦查鱼群。发现鱼群后，先用赶网和拦网把鱼群迅速包围，然后在拦网上设置张网，到傍晚时分，渔工们在包围圈里放下刺网，当鱼类被刺网捕住时，就会发出水动的响声，鱼儿就会向张网处逃窜。有趣的是，鱼儿也是有组织有纪律的，它们成群结队地一起奔跑，最后就全部游到了提前设置好的张网内。游客有兴趣的话，还可以跟着浩浩荡荡的船队，全程体验捕鱼乐趣，做一回水上渔民，享受一下渔家乐趣，再品尝一下正宗的鲜活有机鱼，那叫一个美哉。当然，巨网捕鱼最壮观的场面莫过于拉网起鱼，随着"一二、一二"的号子声，渔工们不断向网的中心靠拢，只见一尾、两尾、三尾……数不清的鱼从水中跃起，巨网捕捞也达到了高潮。巨网捕鱼一网可以捕多少鱼呢？历史上一网捕捞的最高产量是305吨，捕捞到最大的鱼是青鱼，重达75.5千克。千岛湖在发展渔业的同时，十分重视水域生态系统的保护，对捕捞规格有严格限定，遵循捕大留小的原则，网目周长达40厘米，4千克以上的鲢、鳙才能捕捞上来。这些鱼不仅能带来丰厚的经济效益，更是千岛湖水质保护的使者。千岛湖的水养育着美味的千岛湖家鱼，千岛湖家鱼又保护了千岛湖的一湖秀水。

巨网捕鱼呈现了中国南方大水面捕捞收获的场面（图 1-4），是渔文化独具特色的形式。

巨网捕鱼

图 1-4　千岛湖巨网捕鱼

三、生态价值

四大家鱼不仅在改善百姓膳食结构、丰富城乡居民"菜篮子"中起着重要作用，而且在修复淡水生态系统、净化水质、消除水体富营养化因子等方面发挥着举足轻重的作用，具有重要的生态价值。

四大家鱼养殖是典型的节粮型渔业，草鱼为草食性鱼类，鲢和鳙为滤食性鱼类，分别以浮游植物和浮游动物为食，它们食物链短、饲料报酬高。通常鱼类生态转换效率与营养层级呈负相关，即营养层级低、生态转换效率高。草鱼、鲢和鳙为草食性或滤食性鱼类，不仅为解决"吃鱼难"问题、渔民增收、提供优质蛋白做出重要贡献，而且也为减排二氧化碳、缓解水域富营养化发挥着积极作用。青鱼在维持水体生态系统平衡方面也起到重要作用。

中国是世界上发展生态养殖最早的国家之一，在遵循"整体、协调、再生、循环"的农业生态工程原理下，经多年的试验研究已经将单一的水产养殖发展成复合型的生态养殖模式。四大家鱼多采用多种养殖对象混养的综合生态养殖模式，通过搭配鲢、鳙等以浮游生物为食的鱼类，来稳定生态群落、平衡生态区系。通过鲢和鳙的滤食作用，一方面可在不投喂人工饲料的情况下生产水产动物蛋白，另一方面可直接消耗水体中过剩的藻类，从而降低水体中的氮、磷含量，达到修复富营养化水体的目的。湖泊、水库和池塘等水体在全球和局部地区的碳循环中具有重要地位，而大部分淡水鱼类的碳含量占干重比例超过50%。《中华人民共和国水污染防治法释义》指出：养殖500克鳙可从水中吸收14.5克氮、0.5克磷、57.85克碳；养殖500克鲢可从水中吸收14.9克氮、0.85克磷、60.75克碳。据估算，淡水养殖每年约可从内陆水体中消除氮18万吨、磷0.9万吨、碳73万吨，其净化水质的效果明显。

中国正面临着淡水资源日益短缺、人类生产活动对淡水造成污染、水生生物多样性降低等诸多问题。近年来，通过在江河湖库中进行增殖放流，以恢复天然水域中的自然种群，缓解渔业资源持续衰退的局面。鄱阳湖、洞庭湖和太湖三大淡水湖先后启动了大规模的生态修复工程，包括三峡水库在内的一些湖泊水库都利用鲢、鳙等滤食性鱼类来改善水质，取得了良好的效果。

"以鱼控藻、以鱼减污、以鱼养水"的典型案例为千岛湖的"保水渔业"工程。1998—1999年，千岛湖暴发水华危机，湖面出现大量蓝藻。经科学分析后发现，库内渔业资源的衰竭是导致水华暴发的重要原因之一，因而消除水华、增加库内渔业资源成为千岛湖的首要任务。2000年，淳安县政府提出"保水渔业"的创新理念，利用生物治水，根据水体特定环境条件来投放适量的鲢和鳙。从2000年起，淳安县每年向千岛湖投放规格为85克/尾左右的鲢、鳙鱼种600吨以上。截至目前，已累计向千岛湖投放鲢和鳙鱼苗1.3亿尾。在连续投放鲢、鳙的20余年里，千岛湖的水华销声匿迹了。水华消失的谜团被逐渐揭开，鲢、鳙是生活在水体上层的鱼类，滤食水体中的浮游生物，充分利用水体中的营养物质，从而有效降低富营养化水平。"保水渔业"的实施，既保护了水域生态，又发展了渔业生产，实现了渔业发展和生态保护双赢。

四、经济价值

自 1978 年中国实行改革开放政策以来，水产养殖规模的扩大和水产品产量的增加，极大地满足了百姓的消费需求。2019年，全国水产品总产量为 6 480.36 万吨，全国水产品人均占有量为 46.45 千克，有效解决了中国鱼类蛋白短缺的问题。20 世纪 80 年代末至 90 年代初，由于自然捕捞产量的下降，政府开始大力发展养殖业来满足国内日益增长的水产品需求。在过去的 40年中，四大家鱼养殖业的规模与产量迅猛增长。成熟的规模化养殖技术，政府补贴的传统鱼塘改造、养殖系统提升，以及饲料的开发为四大家鱼养殖业的发展提供了强有力的技术与政策支持。四大家鱼产量占内陆地区养殖产量的比例较大，对保障粮食安全、满足城乡居民消费发挥着非常重要的作用。在中国，水产品蛋白来源占动物蛋白的 31%，而四大家鱼产量占全国鱼类产量的40% 以上，在满足水产品有效供给中起到了关键作用。美国著名生态经济学家、哈佛大学教授莱斯特·布朗高度评价中国的淡水渔业，认为在过去二三十年"中国的淡水渔业取得长足的发展，对世界是一个重大贡献"。由于水产养殖是世界上最有效率的动物蛋白生产技术，中国的水产养殖产量占到世界水产养殖产量的近 70%，中国也是世界上唯一一个水产养殖产量超过捕捞产量的渔业大国，而淡水渔业又是水产养殖中鱼产量的主要来源，因此就不难理解莱斯特·布朗对中国淡水渔业的肯定。四大家鱼作为淡水养殖业的重要组成部分，其对粮食安全的重要性日益凸显，具有显著的经济价值。

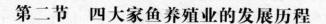

第二节　四大家鱼养殖业的发展历程

　　中国是名副其实的世界第一渔业大国，近 30 年养殖产量稳居世界第一，中国渔业已经形成一个由繁育、养殖、饲料、渔药、加工、流通和消费等组成的完整产业链。2019 年中国水产品总产量达 6 480.36 万吨，其中养殖产量达 5 079.07 万吨，淡水养殖产量为 3 013.74 万吨，占养殖产量的 59.3%；水产养殖面积为 7 108.50 千公顷，其中淡水养殖面积 5 116.32 千公顷；渔业经济总产值达 26 406.50 亿元，其中淡水养殖产值 6 186.60 亿元；水产品出口额达 206.58 亿美元，占中国农产品出口总额的 26%。在淡水养殖中，青鱼、草鱼、鲢和鳙是中国的特产鱼类，也是重要的大宗淡水鱼类，其一直以来都是中国传统的水产养殖对象，2019 年养殖总产量为 1 312.45 万吨，占到全国淡水养殖鱼类产量的 43.5%，为优质蛋白的供给做出了巨大贡献。

　　中国是世界上淡水养殖历史最为悠久的国家，早在 8 000 年前中国就已开始人工养殖鲤。春秋末期，《养鱼经》详细介绍了池塘建造、维护、养殖条件、繁殖控制和饲养方法等，是池塘养殖鲤实践经验的总结。汉末三国时期，《魏武四时食制》中记载："郫县子鱼，黄鳞赤尾，出稻田，可以为酱"，那个时期已经出现稻田养殖鲤，并利用稻田里养殖的小鲤做酱，在稻田种养的同时已经有初加工的出现。到了唐代，由于当时的皇室禁养鲤，于是开始出现青鱼、草鱼、鲢、鳙和鲮的养殖，从单个养殖对象发展到多种养殖对象混养，中国的淡水养殖进入了一个新的发展阶段。宋代以后，由于江河鱼苗的捕捞技术和运输技术的飞速发展，加之鱼苗养殖技术的成熟，四大家鱼养殖范围更加广泛。南宋时期，对青鱼、草鱼、鲢和鳙的摄食习性已经有了基本了解，养殖对象和养殖范围进一步扩大。明代的池塘养鱼技术更加成熟，鱼池建造、鱼种搭配、饵料投喂和鱼病防治等内容已有翔实的文字记载，四大家鱼的养殖也得到进一步的发展，形成了世界闻名的农业文化遗产"桑基鱼塘"。清朝时期，对鱼苗生产季节、鱼苗习性、过筛分级、鱼种培育、养殖和运输等技术的掌握更加成熟，出现了最早的鱼苗、鱼种的"专业户"。辛亥革命后，改进渔业技术，创办了渔业技术讲习所和渔业试验场等。

中华人民共和国成立之初，中国的淡水养殖技术仍处于初级阶段，1958—1978 年的 20 年时间内，中国淡水鱼年产量维持在 79 万～110 万吨。1958 年，四大家鱼人工繁殖之父——钟麟先生突破鲢、鳙的人工繁殖技术，从根本上改变了长期依靠天然鱼苗的被动局面，结束了淡水养殖鱼苗长期以来依赖天然捕捞的历史，使得养殖生产能够按计划进行，开创了淡水养殖的新纪元。1958—1960 年，鲢、鳙和草鱼的人工育苗技术相继取得了突破性进展，彻底改变了长期以来从江河里收集野生鱼苗的传统做法。与此同时，中国科研人员总结出"水、种、饵、密、混、轮、防、管"的"八字精养法"，成为池塘养鱼理论和技术的核心内容。自此，开启了中国淡水鱼养殖由经验主义向科学技术转变的新时期。

改革开放给中国渔业的发展注入了崭新的活力。1980 年，邓小平同志谈到，"渔业，有个方针问题。看起来应该以养殖为主，把各种水面包括水塘都利用起来。"从而确立了中国"以养为主"的渔业发展方针，通过对湖泊、水库、池塘和水田等的培育和开发利用，水产养殖总面积从 1978 年的 286 万公顷增加到 2018 年的 7 189.52 万公顷，四大家鱼养殖取得了显著的成绩，基本解决了长期困扰人们"吃鱼难"的问题。1978 年，淡水鱼总产量还不足 100 万吨，到 1988 年则突破了 450 万吨。在四大家鱼中，草鱼的产量最高，在过去的 20 年间，一直呈增长趋势，1998 年草鱼产量为 280.8 万吨，2018 年已达到 550.4 万吨。鲢、鳙产量总增长幅度仅次于草鱼，1998 年两者总产量为 470.0 万吨，2018 年为 695.5 万吨。青鱼产量相对较低，1998 年仅有 15.3 万吨，但青鱼产量增长幅度较大，2018 年产量达到 69.1 万吨（1958—2018 年四大家鱼产量比较见图 1-5）。养殖产量持续增加和稳定的市场供应，使得四大家鱼对丰富国民"菜篮子"发挥了重要的作用。

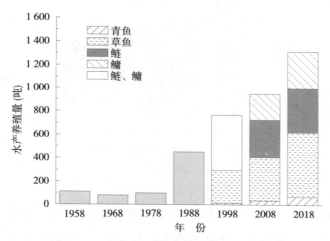

图 1-5　四大家鱼不同历史年份各类产量比较
（数据来源：国家统计局资料以及相应年度的《中国渔业统计年鉴》）

第三节　四大家鱼养殖产业现状和前景展望

一、四大家鱼养殖产业现状

（一）产业地位突显

2018 年全国淡水养殖总产量为 3 013.74 万吨，而四大家鱼的养殖总产量达 1 312.45 万吨，占全国淡水养殖总产量的 43.5%。稳居淡水养殖产量首位的草鱼产量为 553.30 万吨，占到四大家鱼养殖产量的 42.15%，鲢和鳙产量均在 300 万吨以上，而青鱼产量为 67.95 万吨。四大家鱼主产区为湖北、江苏、湖南、广东、江西等省份（2018 年全国四大家鱼主产区各省份产量见图 1-6）。

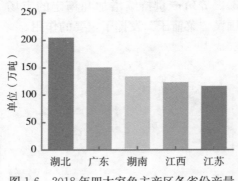

图 1-6　2018 年四大家鱼主产区各省份产量
（数据来源：《2019 中国渔业统计年鉴》）

（二）养殖方式多元化

池塘养殖一直以来都是中国淡水养殖的主要方式。四大家鱼池塘养殖呈现出多元化，华东地区主要为池塘主养草鱼套养青鱼、草鱼与鲫混养、主养草鱼等模式；华中地区主要为高密度精养、80：20 混养和生态高效养殖等模式；华南地区主要为循环水养殖的序批式养殖模式、吊水养殖模式和脆肉鲩养殖模式等；西南地区主要为草鱼分级池塘养殖模式；东北地区主要为池塘主养草鱼养殖模式，按 4：1 的重量比投放草鱼和鲢鳙；华北地区和西北地区主要养殖模式是池塘精养和大水面混养。四大家鱼的大水面生态养殖逐渐发展为净水渔业、保水渔业，突出资源保护、生态修复、增殖放流、合理捕捞和三产融合等。

（三）规模化、高质量发展

随着城镇化步伐的加快，四大家鱼由以家庭养殖为主转变为规模化养殖，配合饲料、养殖机械、捕捞设备得以大规模应用，辅以科学的养殖生产管理，规模化效益彰显。为满足人民日益增长的高品质水产品的需求，四大家鱼养殖由过去一味追求高产量向追求高质量方向发展，相应的品质提升技术的研发应用，促进了高品质四大家鱼的生产，催生了脆肉鲩、清水鱼等优质水产品。

（四）生态价值显现

在生态修复方面，四大家鱼发挥着重要的作用。在富营养化水域开展鲢、鳙的增殖放流，能充分利用水体中的藻类资源净化水体，有效降低水体的富营养化程度。基于四大家鱼的生物学特性，构建了资源增殖型渔业模式（如湖北梁子湖）、资源保护型渔业模式（如江西鄱阳湖）、生态修复型渔业模式（如湖北东湖）、生态保水/净水型渔业模式（如浙江千岛湖）和渔旅融合型渔业模式（如吉林查干湖）等，生态效益显著。

二、四大家鱼养殖产业发展前景

随着人工繁殖技术的突破、人工配合饲料的开发、养殖机械的应用以及养殖模式的转变，四大家鱼的养殖也发生了巨大的变化。作为中国最重要的淡水养殖对象，四大家鱼养殖业不仅对提供优质动物蛋白、保障粮食安全有重要意义，而且在生态文明建设中发挥重要的作用。

（一）四大家鱼在动物蛋白供应中所处的地位将不断提升

2019年四大家鱼的总产量占全国淡水总产量的40%以上，四大家鱼在稳定水产品市场供给、满足中低收入消费者群体需要中起到了非常重要的作用。近年来，中国猪肉、禽蛋等动物性食品价格波动较大，时常出现大幅上涨的情况，而四大家鱼的价格一直相对保持稳定，且产量持续增加，较好地满足了普通老百姓的消费需求，对猪肉市场起到了部分替代的作用，保障了优质蛋白的有效供给。同时，由于人们生活水平不断提高，人们对高质量生活的追求和对美好生活的渴望越来越强烈，水产品将越来越多地走进寻常百姓家，走上大众餐桌，因此迫切需要水产品来满足优质动物蛋白的供给。而四大家鱼养殖面积大、产量高，优质水产品（脆肉鲩、清水鱼等）能够满足老百姓对高质量蛋白的需要。因此，四大家鱼在中国动物蛋白供应中所处的地位势必将会进一步提升。

（二）四大家鱼养殖业在渔业高质量发展中的支撑作用将日益明显

2019 年由农业农村部等 10 部委联合发布的《关于加快推进水产养殖业绿色发展的若干意见》中明确指出，"全面贯彻党的十九大和十九届二中、三中全会精神，以习近平新时代中国特色社会主义思想为指导，认真落实党中央、国务院决策部署，围绕统筹推进'五位一体'总体布局和协调推进'四个全面'战略布局，践行新发展理念，坚持高质量发展，以实施乡村振兴战略为引领，以满足人民对优质水产和优美水域生态环境的需求为目标，以推进供给侧结构性改革为主线，以减量增收、提质增效为着力点，加快构建水产养殖业绿色发展的空间格局、产业结构和生产方式，推动中国由水产养殖业大国向水产养殖业强国转变"，进一步明确了坚持高质量发展、稳步推进供给侧结构性改革的理念，并以减量增收和提质增效为着力点。四大家鱼作为水产养殖业的重要组成部分，其生物学特性决定了其在渔业中不可替代的作用，青鱼主要以螺蛳、蚬和小河蚌等为食，草鱼以水草为食，鲢以浮游植物为食，鳙以浮游动物为食，利用自然生产力可以满足其生长。目前水产养殖业已经由传统的大宗淡水养殖业拓展到名优特色水产对象的养殖，在名优特色水产对象的养殖过程中需要投喂人工配合饲料或鲜活饵料，因此残饵和粪便等处理问题尤为突出，而四大家鱼能很好地破解这些难题，通过充分利用四大家鱼独具的生态修复功能，支撑现代渔业的高质量发展。

（三）四大家鱼养殖业在水产养殖业绿色发展中的作用将更加突显

《关于加快推进水产养殖业绿色发展的若干意见》中，在基本原则里明确提出"坚持质量兴渔。紧紧围绕高质量发展，将绿色发

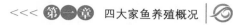

<<< 第一章　四大家鱼养殖概况

展理念贯穿于水产养殖生产全过程，推行生态健康养殖制度，发挥水产养殖业在山水林田湖草系统治理中的生态服务功能，大力发展优质、特色、绿色、生态的水产品"。在科学布局方面，提出"统筹生产发展与环境保护，稳定水产健康养殖面积，保障养殖生产空间""开展水产养殖容量评估，科学评价水域滩涂承载能力，合理确定养殖容量。科学确定湖泊、水库、河流和近海等公共自然水域网箱养殖规模和密度，调减养殖规模超过水域滩涂承载能力区域的养殖总量。科学调减公共自然水域投饵养殖，鼓励发展不投饵的生态养殖"。在改善养殖环境方面，提出"发挥水产养殖生态修复功能。鼓励在湖泊水库发展滤食性、草食性鱼类等增养殖，实现以渔控草、以渔抑藻、以渔净水"。该文件的出台实际上已经为四大家鱼的养殖指明了方向，明确了其地位，四大家鱼中的鲢、鳙作为滤食性鱼类，草鱼作为草食性鱼类正是水产养殖业绿色发展的增养殖对象。2019 年 9 月，由中国水产科学研究院发起组建成立了"大水面生态渔业科技创新联盟"，联盟以"生态优先、资源养护、产业升级"的绿色发展理念为指导，探索大水面渔业资源养护与合理开发有机结合的高质量发展模式，全面提升大水面生态渔业科技创新能力，改善水域生态环境，保障生态系统健康，促进渔业资源有效利用，实现大水面生态渔业全面升级和可持续发展。净水渔业、保水渔业的应用为四大家鱼养殖业提供了更加广阔的发展前景，将更加突显其在水产养殖业绿色发展中的作用。

第二章 四大家鱼的基本生物学特征和水产新品种

第一节 四大家鱼的基本生物学特征

一、青鱼

青鱼（*Mylopharyngodon piceus*），英文名为 black carp，属硬骨鱼纲、鲤形目、鲤科、雅罗鱼亚科、青鱼属，是青鱼属中的唯一种，俗称青鲩、黑鲩、乌青、青头、螺蛳青、青根子等。青鱼为中国特有种，自然分布于中国各大江河、湖泊，主要分布在长江及以南的平原地区，是长江中、下游的重要渔业资源。青鱼肉质细嫩、肌间刺大而少、营养价值高。

（一）形态特征

体呈长筒形，腹部圆、无腹棱，尾部稍侧扁。头稍尖，宽平；口端位，吻钝；无须，眼睛位于头侧部正中，下咽齿呈臼齿状，齿面光滑；鳃耙稀而短小，鳃耙数 15～21 个，乳突状。鳞片较大，呈圆形，侧线鳞为 39～45 枚。体色青黑，背部较深，腹部较淡。胸鳍、腹鳍、臀鳍均为深黑色（图 2-1）。

（二）生态习性

青鱼是四大家鱼中唯一的肉食性鱼类。性情温驯，喜清新水质，营底栖生活，很少游到水面。在自然环境中，大多集中在食物

图 2-1 青 鱼

丰富的江河弯道和沿江湖泊中摄食肥育，在深水处越冬。其行动有力，不易捕捉，且适应性强，在水温 0.5～40℃内均能存活。鱼苗到夏花阶段主要以轮虫和枝角类等浮游动物为食；体长约 15 厘米时，食性发生转变，摄食小型底栖动物，以球蚬、螺蚬幼体和虾类为食；幼鱼主要摄食软体动物，包括蚌、蚬和螺蛳等，此外也摄食昆虫幼虫、虾和小型鱼类。体重 0.5 千克以上的青鱼主要以螺蛳为食，摄食时首先将螺蛳吞到咽喉部，然后用咽齿和角质垫压碎硬壳，最后再食其肉。在池塘养殖条件下，青鱼也能摄食人工配合饲料。

（三）生长与繁殖

青鱼为四大家鱼中个体最大的种类，其生长速度快，最大个体体重可达 100 千克以上，1 龄鱼体重可达 500 克以上，2 龄可达 2.5～3 千克，3 龄可以长到 7.5 千克以上，1～2 龄体长生长最快，3～4 龄增重最快，5 龄以后生长速度逐渐放缓。在池塘养殖条件下，商品规格为 3～4 千克/尾。繁殖与生长的最适温度为 22～28℃。长江流域通常雌鱼性成熟年龄为 5～7 龄，体重 15 千克/尾左右；雄鱼为 4～5 龄，体重 13 千克/尾左右，1 年产 1 次卵。青鱼的怀卵量随着体重的增加而增加，通常 15～20 千克/尾的雌鱼怀卵量为 60 万～200 万粒。

二、草鱼

草鱼（*Ctenopharyngodon idellus*），英文名为 grass carp，属硬骨鱼纲、鲤形目、鲤科、雅罗亚科、草鱼属，为草鱼属中的唯一种，俗称鲩、草鲩、白鲩、草根子、混子鱼、厚鱼、搞子鱼等。草鱼是世界重要的淡水养殖鱼类之一，也是中国最主要的淡水养殖鱼类，多年来养殖产量一直位居中国淡水养殖产量之首。草鱼自然分布于中国各大江河与湖泊中。东南亚国家很早就从中国引进草鱼进行养殖；20 世纪 60 年代开始，草鱼也陆续被引进到苏联和一些欧美国家，并逐渐发展成这些国家的重要增养殖对象。在一些国家，草鱼被用于清除水草，防止水体沼泽化，因而其被称为"拓荒者"和"除草机器"。

（一）形态特征

草鱼体形为长筒形，腹圆，无腹棱；头钝，稍平扁，尾部为侧扁形。口弧形；咽齿 2 行，齿梳形，齿面为锯齿状，两侧咽齿交错相间排列。鳞片中等大小，圆形，边缘稍暗。侧线鳞 39～46 枚。体色为茶黄色，背部青灰色，腹部灰白色。胸鳍和腹鳍为灰黄色，其他各鳍淡灰色（图 2-2）。

图 2-2 草 鱼

（二）生态习性

草鱼为典型的草食性鱼类，通常生活于水体中下层，喜在被水淹没的浅滩草地、泛水区域及水草丛生的湖泊、河流中栖息生活；性情活泼，游泳速度快，受惊时易跳出水面。对水温适应能力较强，在 0.5～38℃范围内均能存活，生长最适水温 25～30℃。自然环境中，鱼苗阶段最初以轮虫、小型枝角类等浮游动物为食；鱼种阶段转变为食用枝角类、桡足类等大型的浮游动物，并开始摄食芜萍、小浮萍、紫背浮萍、幼嫩水草和陆草；成鱼则完全以草类为食，可采食黑麦草、苏丹草、紫花苜蓿等，也喜食各种瓜叶、菜叶和甘薯蔓叶等。草鱼对草类的消化率较低，主要靠提高摄食量进行弥补，摄食量可达体重的 40%，最大可达 60%～70%。净增 1 千克草鱼需水草 60～80 千克或陆生旱草 20～25 千克。人工养殖条件下，草鱼可摄食配合饲料。

（三）生长与繁殖

草鱼为较大型经济鱼类，生长速度快，以 2～3 龄生长最快。不同地区由于环境的不同，性成熟年龄略有差异。在长江流域雌性草鱼通常 5 龄性成熟，体重 6 千克/尾左右；珠江流域则 4 龄成熟，东北地区则较长江流域晚 1～2 年成熟；各流域雄鱼较雌鱼早 1 年成熟。草鱼怀卵量随体重增加而增加，6～12 千克/尾的雌鱼怀卵量为 40 万～120 万粒。草鱼的最适繁殖水温为 22～28℃。人工投喂配合饲料条件下池塘养殖比自然水体养殖生长更快。通常上市规格通常为 1.5～3.0 千克/尾，依据饮食习惯和消费习惯的不同，上市规格也有一定的差异。一般而言，长江流域养殖周期为 2～3 年，珠江流域为 1～2 年，东北地区为 3～4 年。

三、鲢

鲢（*Hypophthalmichthys molitrix*），英文名为 silver carp，属硬骨鱼纲、鲤形目、鲤科、鲢亚科、鲢属，俗称白鲢、鲢子等，是中国最主要的淡水增养殖鱼类之一，多年来产量一直位居淡水养殖产量的第二位。在中国，鲢在自然界分布范围广，除青藏高原以外在各地江河和湖泊均有分布。

（一）形态特征

体延长侧扁，腹部狭窄，呈刀刃状，腹棱自胸鳍前下方直达肛门。头大，约为体长的 1/4。口宽，前位。眼小，位于头侧中轴之下。鳃耙特化，细而密，彼此相连，呈海绵状膜质片，用于滤食小型饵料。鳃弓后端部分连同鳃耙卷曲而成螺旋状鳃上器，埋于口腔顶部软组织中。鳞片细小。体侧上部银灰色、稍暗，腹侧银白色，各鳍为灰白色（图 2-3）。

图 2-3　鲢

（二）生态习性

鲢属于典型的滤食性鱼类，喜栖息于水体上层，生性活泼，喜跳跃，胆小，害怕惊扰，在受到惊扰时跳跃出水面。鲢对低氧耐受能力较差，如果水体中溶解氧不足就会出现浮头现象，溶解氧低于 1.00 毫克/升时会造成窒息死亡。为广温性鱼类，能适应水温为 1.5～35℃ 的水体环境，最适宜生长水温为 25～32℃。鲢食物链短，可以直接利用浮游植物并转化为蛋白质，而浮游植物可有效吸收水体中的氮、磷，从而减少水体的富营养化，是目前"净水渔业"的重要养殖对象，属于淡水鱼类中少有的无需投饵鱼类，是典型的碳汇鱼类。鲢的食性随着生长由最初的摄食浮游动物逐渐转为摄食浮游植物。鱼苗体长在 1.5 厘米以下时摄食轮虫、硅藻、小型枝角类和无节幼虫等，随后浮游植物在食物中的占比逐渐加大。体长在 1.5 厘米以上时，以摄食浮游植物为主，体长达 2.0～2.5 厘米时食物几乎全由浮游植物和植物腐屑组成。人工养殖情况下，也可以投喂豆饼、酒糟、豆浆、糠麸等饲料，以增加营养供给。

（三）生长与繁殖

鲢为生长较快的大型经济鱼类。长江流域的鲢在 3～6 龄体重增长最快，黑龙江和珠江流域的鲢个体相对较小。食用鲢的商品规格为 1～4 千克/尾。在池塘等小水体养殖条件下，养殖周期为 2 年；湖泊、水库等大水面养殖条件下，养殖周期多为 3 年以上，养成个体也相对较大。在长江流域，雌性鲢个体一般 3～4 龄性成熟，体重约 3 千克/尾。与长江流域相比，珠江流域最早在 2 龄就可以达到性成熟，性成熟个体也较小，而黑龙江流域性成熟年龄则在 5～6 龄。雄性个体相比雌性个体早 1 年成熟。通常在 4 月中旬至 7 月产卵，5—6 月为产卵盛期，繁殖水温为 18～30℃，适宜水温为 22～28℃。怀卵量随体重增长而增加，体重 4.5～8.4 千克/尾的雌鲢怀卵量为 63 万～120 万粒。

四、鳙

鳙（*Aristichthys nobilis*），英文名为 bighead carp，属硬骨鱼纲、鲤形目、鲤科、鲢亚科、鳙属，为鳙属的唯一种，俗称花鲢、麻鲢、胖头、胖头鱼、大头鱼、雄鱼等。鳙也是中国最主要的淡水增养殖鱼类之一。20 世纪 60 年代，由中国引至苏联和一些欧美国家，并成为重要的增养殖对象。自然分布于中国各大江河与湖泊。

（一）形态特征

体形侧扁，较高，腹棱起自腹鳍基部至肛门。头大，头长大于体高，头长约为体长的 1/3。口大，端位，下颌稍向上倾斜，下颌稍突出，口腔后上方具螺旋形鳃上器。眼小，位于头侧中轴线下方。鳃耙数目众多，排列细密如栅片，但不愈合。鳞细小，侧线完全，侧线鳞95～115枚。体色稍黑，背部稍黑，体侧上半部有不规则黑色斑纹，腹部为银白色，各鳍为灰褐色，鳍上有许多黑色小斑点（图2-4）。

图 2-4 鳙

（二）生态习性

鳙为典型滤食性鱼类，栖息于水体中上层，喜在营养丰富、浮游生物多的水体中栖息生活，喜群居。性情温驯，行动迟缓，受惊也不逃窜，不跳跃，易捕捞。以摄食轮虫、桡足类、枝角类为主，也食一些藻类，在人工养殖条件下，可以摄食豆饼、糠、麸等商品饵料和人工配合饲料。

（三）生长与繁殖

鳙生长速度较快。当年繁殖的鱼苗在人工养殖条件下可以长到350～450克/尾，第二年可以长到2千克/尾，第三年可达4千克/尾以上，以3龄体重增长最快。通常上市商品规格为1.5～3.0千克/尾，养殖周期约2年。在长江流域，鳙雌性个体一般5龄性成熟，体重10千克/尾以上；在珠江流域，雌鳙则4龄性成熟；在黑龙江流域，雌鳙6龄性成熟。通常雄鱼比雌鱼早1年性成熟。鳙的怀卵量较大，且怀卵量随着体重的增加而增加，通常每千克体重怀卵量为11万～16万粒。繁殖季节一般为5月上旬至 7 月。

第二节 四大家鱼新品种

虽然四大家鱼在水产养殖业中地位突出、产量巨大，但由于其性成熟周期长、保种难度大等原因，新品种选育的步伐却较为缓慢，与养殖地位极其不相称。截至目前，四大家鱼中只有长丰鲢和津鲢两个鲢新品种，青鱼、草鱼和鳙尚无新品种。与其产业地位不匹配的现状已经引起了国家行业主管部门和科研工作者的重视，近年来国家大宗淡水鱼产业技术体系对四大家鱼设置了种质资源与品种改良岗位，标志着由国家主导的四大家鱼品种选育工作全面启动，选育工作将得到进一步加强，有利于培育出更多的四大家鱼新品种来支撑产业的可持续发展。

一、长丰鲢

长丰鲢由中国水产科学研究院长江水产研究所选育而成，于2010 年通过全国水产原良种委员会的审定（品种登记号：GS-01-001-2010）（图 2-5）。

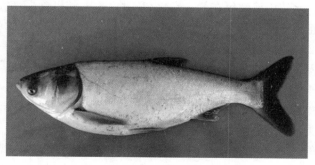

图 2-5　长丰鲢

（一）生物学特征

1. 亲本来源

长丰鲢亲本来自长江野生鲢，1987 年从收集的野生鲢性成熟个体中挑选个体大、体质健壮的雌性个体作为母本，采用遗传灭活的鲤精子作为激活源，采用极体雌核发育的方法，获得 5 000 多尾异源雌核发育鲢苗种。经养殖培育、自然淘汰，精心筛选培育出体重为 1 千克/尾左右的 2 龄鱼 300 尾，对其进行标记后套养到成鱼池养殖，并培育至性成熟。1996 年挑选生长最快、体形好、身体健壮的 18 尾第一代雌核发育鲢性成熟个体作为选育的原始群体。

2. 生物学分类

长丰鲢属鲤形目、鲤科、鲢亚科、鲢属，新品种名为长丰鲢，英文名为 Changfeng silver carp，俗称白鲢。

3. 生理特征

长丰鲢生活于水体的中上层，性情活泼，善跳跃，稍受惊动便四处逃窜，常常跃出水面。属于温水性鱼类，对温度的适应能力强，能在 0.5～38℃水体中存活，当水温低于 0.5℃或高于 40℃时开始死亡，适宜温度为 20～32℃，繁殖的最适温度为 22～26℃，摄食和生长的最适温度为 25～32℃。在盐度 0.5 以下、pH 7.5～8.5 的微碱性水体中生长最佳，在 pH 6.0 以下或 pH 10.0 以上的水体中长期生活时生长受到抑制，生长速度减缓。在环境条件适宜的情况下，水体中溶解氧在 5.5 毫克/升时，长丰鲢摄食强度大，生长快，可正常生长发育。长丰鲢适宜在浮游生物丰富的水体中生活，体长在 2～4 龄时增长较快，以第 2 年生长最快，4 龄后体长的生长明显变慢；体重在 1～6 龄逐年增加，3～6 龄体重增加较快。

长丰鲢属于典型的滤食性鱼类，主要以浮游植物为食。鱼苗最初主要摄食轮虫、枝角类和桡足类等浮游动物，食性转化后，则滤食硅藻类、绿藻等浮游植物，也摄食浮游动物。长丰鲢是一种不间断摄食的鱼类，随着不停地张嘴呼吸，食物就会随水进入鳃腔。除摄食天然饵料外，也摄食豆饼粉、食豆渣、米糠、麸皮、酒糟和麦麸等人工饲料。

长丰鲢的性成熟年龄，在中国不同地区差异较大。一般为雌性个体3～5龄达到性成熟，雄性个体2～4龄达到性成熟，一年性成熟1次，属1次产卵型。成熟个体的怀卵量为20万～160万粒，初次性成熟个体怀卵量较小，随年龄和体重的增加怀卵量也逐渐增加。卵属于半浮性卵，在静水中下沉，在流水中可以漂浮。卵受精后会吸水膨胀，变得透明，并随水漂流。卵膜直径4～6毫米，卵黄径1.5～1.7毫米，卵黄呈酪黄色。在水温20～23℃时，仔鱼约35小时可孵化出膜。刚孵出的仔鱼无色素，胚体长6～7毫米。

（二）选育过程

1. 亲本来源
以长江野生鲢成熟个体为母本，灭活的鲤精子作为激活源。

2. 选育目标
以生长速度、体形和成活率为主要选育指标。

3. 选育技术路线
长丰鲢选育采用人工雌核发育技术、分子标记辅助选择与群体选育相结合的育种方法，以快速生长为选育目标进行新品种选育。技术路线如图2-6所示。

4. 选育过程
1987年，从长江收集的野生鲢性成熟个体中，选择个体大、体质健壮的2尾雌性个体为母本，以紫外线灭活的鲤精子作为激活源，采用极体雌核发育的方法，人工诱导获得5 000多尾异源雌核发育鲢鱼苗。经养殖、筛选和自然淘汰，培育成平均体重为1千克/尾左右的2龄鱼300尾，进行标记后套养到成鱼池养殖，并培育至性成熟。1996年选择生长最快、体形好、身体健壮的18尾第一代雌核发育鲢（简称GYS₁）性成熟亲鱼作为选育的原始群体。

1996—1999年，从18尾GYS₁亲鱼中挑选出生长性状更快（主要以体重增长为选育指标）的5尾雌性亲本，用紫外线灭活的鲤精子作为激活源进行第二代人工雌核发育，获得雌核发育鲢二代

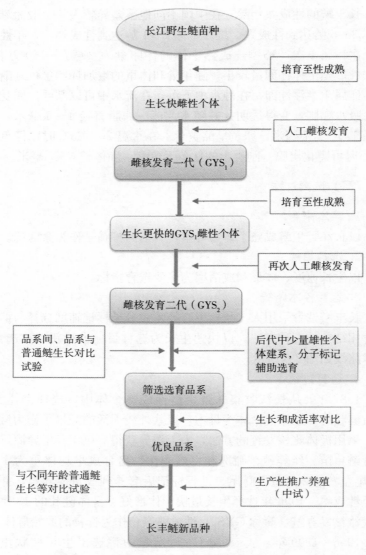

图 2-6 长丰鲢选育技术路线

鱼苗 18 000 多尾（简称 GYS$_2$）。随后开展了雌核发育鲢 GYS$_2$ 各品系间、GYS$_2$ 鲢与 1 龄和 2 龄普通鲢的生长和成活率的对比试验。

2002 年，从 GYS$_2$ 鲢性成熟亲鱼中选择生长较快的 15 尾（挂牌标记），经随机扩增多态性 DNA（RAPD）分析后分为 2 个系，然后利用雌核发育后代中的雄性亲本（仅有 3 尾雄性个体），通过系内自交和系间杂交的方法获得鱼苗 60 多万尾，分别命名为雌核发育鲢近交 F$_1$ I 系、近交 F$_1$ II 系、杂交 F$_1$ I 系和杂交 F$_1$ II 系。不同品系的 1 龄鱼均单独养殖，同时开展生长对比试验。结果发现，杂交 F$_1$ II 系鲢生长更快，遂将其确定为优良选育 II 系鲢。2006 年优良选育 II 系鲢达性成熟，从中选择生长较快的 20 尾亲鱼（雌雄比为 1∶1）进行了人工繁殖，获得选育 II 系鲢 F$_2$ 鱼苗 80 多万尾。鲢的选育完成了连续 2 代雌核发育和 2 代混合选择，选择强度为万分之二，从而培育出生长快、体形好的选育 II 系鲢 F$_2$。自 2006 年以后，每年开展长丰鲢的生长和成活率的对比试验，2007 年起同时开展生产性推广养殖。2010 年通过全国水产原良种委员会的审定，正式命名为长丰鲢。

（三）主要优良性状

长丰鲢主要有四个方面的优良性状。

（1）生长速度快，产量高　2 龄鱼体重增长平均比普通鲢快 13.3%～17.9%，平均亩*增产 14%～25%；3 龄鱼体重增长平均比普通鲢快 20.47%。

（2）体较高且整齐　1 足龄鱼体长/体高为 3.42±0.13，而长江水系鲢体长/体高为 4.07±0.18。

（3）适应性强、成活率高　适宜在中国广大的内陆水体中养殖，养殖成活率较普通鲢群体提高 10% 以上。

（4）纯合度高、遗传性状稳定　微卫星分子标记结果表明，群体内遗传相似度达 95.43%。

＊　亩为非法定计量单位，15 亩＝1 公顷，下同。——编者注

（四）中试情况

1. 中试点的选择

为了评估长丰鲢选育系的生长性状和适应性，在新品种审定前，中试点选择以位于华中地区的湖北省为主，同时兼顾西北地区。主要选择依据是湖北是全国淡水养殖大省，四大家鱼产量连续多年位居全国第一，且湖北地处中国中部，气候、环境最有代表性。自 2007 年起，先后在湖北省白鹭湖农场水产公司（原湖北省国营西大院农场水产公司）、湖北五湖渔业（集团）股份有限公司、湖北省荆州市窑湾水产养殖协会、安徽省农业科学院水产研究所和陕西省水产研究所等单位进行了中试试验。

2. 中试结果

（1）2007 年在湖北省白鹭湖农场水产公司、湖北五湖渔业（集团）股份有限公司和湖北省荆州市窑湾水产养殖协会进行了长丰鲢生产性对比试验。

湖北省白鹭湖农场水产公司引进平均尾重 68.5 克/尾的长丰鲢春片（鱼种）2 000 尾，以公司繁育的尾重 71.6 克的普通鲢做对照，在面积为 10 亩的主养草鱼池塘套养，剪胸鳍标记后，进行同池养殖试验。12 月 8 日干池测产，长丰鲢总产量为 2 336.16 千克，对照普通鲢总产量为 1 984.5 千克，长丰鲢平均亩增产 17.72%，成活率较普通鲢高 7%。

湖北五湖渔业（集团）股份有限公司引进平均尾重 65 克的长丰鲢春片 1 万尾。每亩池塘套养 200 尾春片，11 月中旬清塘测产，平均亩产量为 226 千克，比当地繁育的鲢亩产量增加了 32 千克，平均亩增产 16.4%。

湖北省荆州市窑湾水产养殖协会引进长丰鲢春片 5 000 尾，套养在 20 亩池塘中，在同等养殖条件下，长丰鲢较当地普通鲢个体增长快 18.7%，群体产量高 17.6%，年底清塘抽查，平均尾重 106 克。

（2）2008 年在湖北省白鹭湖农场水产公司、湖北五湖渔业

（集团）股份有限公司、湖北省荆州市窑湾水产养殖协会等三家单位继续开展长丰鲢生产性中试试验。

湖北省白鹭湖农场水产公司引进春片 6 000 尾，平均规格为 81 克/尾，以该公司的普通鲢作为对照，普通鲢尾重 78.6 克，放入 3 个面积为 10 亩的主养草鱼池塘套养，剪胸鳍标记后进行同池养殖试验。12 月 13 日干池测产，长丰鲢总产量为 7 219.4 千克，普通鲢总产量 5 967 千克，长丰鲢亩增产 20.98%。同时引进的 40 万尾乌仔，在 4 个面积为 10 亩的池塘中主养，12 月底清塘测产，平均重量为 92 克/尾。

湖北五湖渔业（集团）股份有限公司利用 2007 年培养的长丰鲢冬片（鱼种）与公司繁殖的普通鲢进行中试，经年底池塘抽查检测，长丰鲢较本地鲢苗产量提高 19%～26%。

湖北省荆州市窑湾水产养殖协会引进水花（鱼苗）培育长丰鲢春片 10 万尾，平均尾重 83 克，在累计面积为 300 亩的主养草鱼精养池中套养，长丰鲢产量较本地普通鲢提高 17.8%，成活率提高 5%。5 月引进的 100 万尾长丰鲢水花，培育成苗种 75 万尾，年底抽查，冬片平均规格为 73 克/尾。

（3）2009 年在湖北省白鹭湖农场水产公司、湖北五湖渔业（集团）股份有限公司、湖北省荆州市窑湾水产养殖协会、陕西省水产研究所和安徽省农业科学院水产研究所等 5 家单位进行中试示范。

湖北省白鹭湖农场水产公司引进平均尾重 106.8 克的长丰鲢春片 20 000 尾，用本公司的普通鲢做对照，普通鲢尾重 102.7 克，放入 5 个面积为 20 亩的主养草鱼池塘中套养，剪胸鳍标记后进行同池养殖试验。12 月 16 日干池测产，长丰鲢总产量为 20 796 千克，普通鲢总产量为 17 579 千克。长丰鲢平均亩增产 18.3%。

湖北五湖渔业（集团）股份有限公司继续进行长丰鲢的中试推广，经年底抽样检查，长丰鲢平均较本地普通鲢增产 13%～30%。

陕西省水产研究所 6 月引进长丰鲢寸片 50 000 尾，在两个面积为 3 亩的塘中进行养殖，到 12 月测产，成活率为 92.3%，总产量为 2 427.49 千克，平均尾重 52.6 克。

安徽省农业科学院水产研究所 5 月引进长丰鲢水花 200 万尾，在安徽无为县进行养殖示范，放养在 20 个面积为 10 亩的主养鲢和鳙的池塘中，另在搭配鲤和鲫的池塘中进行鱼种培育，12 月抽查测产，成活率为 62.3%，平均尾重 48.8 克。

湖北省荆州市窑湾水产养殖协会利用长丰鲢春片 75 万尾，水花 100 万尾，中试推广面积共计 2 000 亩，经抽样检查，长丰鲢成鱼产量比普通鲢每亩增产约 52 千克，群体产量增加 18.3%。

（4）2010 年安徽省农业科学院水产研究所引进的长丰鲢 2 龄鱼 8 月底达到平均 1.28 千克/尾的规格；引进的长丰鲢水花 300 万尾，在安徽省东至县进行示范养殖，示范面积达到 1 000 亩以上，生长状况良好。陕西省水产研究所 2 龄长丰鲢平均达到 0.9 千克/尾。湖北五湖渔业（集团）股份有限公司 2 龄鱼平均达到 1.4 千克/尾。湖北省白鹭湖农场水产公司 2 龄鱼平均达到 1.2 千克/尾。

3. 效果评估

中试试验点覆盖湖北、安徽和陕西 3 个省，连续 4 年的中试试验面积累计达到 1.1 万亩。中试结果表明，选育的长丰鲢生长速度快，适应性强，平均亩增产在 16.4%～30%，增产效果明显。

（五）新品种示范推广情况

截至目前，长丰鲢新品种已经在湖北、湖南、安徽、陕西、北京、天津、上海、河北、河南、四川、重庆、广东、山东、辽宁、吉林、广西、宁夏、内蒙古和新疆等 27 个省（自治区、直辖市）得到推广应用，典型推广应用效果如下。

湖北省水产研究所在新洲区涨渡湖水产养殖场面积为 2.33 公顷的池塘开展了长丰鲢和普通鲢成鱼养殖对比试验，结果表明长丰鲢生长比普通鲢快 30% 以上。

湖南省资兴市东江湖从 2013 年开始用长丰鲢替代本地鲢进行增殖放流，经过几年的投放，捕捞产量显著增加。2017 年东江湖截至 11 月底捕捞产量已经达到 1 414 吨，远远超过了 2013 年全年

159 吨的捕捞产量，接近 2016 的全年捕捞产量 1 442 吨，长丰鲢平均体重为 1.6 千克。2018 年东江湖水库开展了不投饵网箱养殖长丰鲢模式，每平方米放养 2 尾 100～150 克/尾的长丰鲢，通过一年的养殖，收获时平均体重为 1 千克。由于在水质优良（Ⅱ类水）的大水库中养殖的长丰鲢品质好，其价格高，平均每千克售价为 10 元，经济效益显著。同时，长丰鲢用于东江湖水库增殖后，水质进一步改善，促进了水域生态的平衡和水质的保护，生态效益明显。

云南省曲靖市麒麟区沿江水乡进行长丰鲢和普通鲢 1 龄鱼种不同塘的主养试验，放养密度相同的情况下，长丰鲢每亩的产量为 350 千克，而普通鲢产量为 150 千克，长丰鲢冬片亩产量较普通鲢提高 133％，成活率提高 15％，增产效果明显。云南省水产技术推广站在开远市三角海中坝养殖场进行长丰鲢成鱼养殖，养殖面积为 2.67 公顷，在放养规格一致和放养密度基本相同的条件下同池养殖，长丰鲢较普通鲢产量提高 51.2％，生长优势明显。

上海市水产研究所在放养规格和放养密度相同的条件下，累计推广 5 000 亩同池养殖长丰鲢成鱼，养殖模式为池塘套养，长丰鲢生长速度比普通鲢快 11.6％，亩增产 16％以上。

沈阳大洼每日集团开展了长丰鲢与普通鲢的不同池塘鱼种养殖对比试验，在面积为 0.29 公顷的池塘中放养 4 400 尾长丰鲢夏花，经过 100 天养殖，平均体重达 75.68 克，平均日增重 0.76 克；相同面积的池塘放养普通鲢夏花 4 400 尾，经过 80 天养殖，平均体重达到 21.82 克，平均日增重 0.27 克。长丰鲢生长优势明显，较普通鲢快 181.48％。

2018 年，杭州千岛湖发展集团公司将长丰鲢作为千岛湖（特大型水库）的增殖品种，引进 2 100 万尾长丰鲢水花，夏花培育成活率达到 60％，较往年普通鲢平均 30％的培育成活率高出一倍，为历史最高，为千岛湖鲢种质提升和保水渔业提供了支撑。

广西水产引育种中心引进长丰鲢水花进行示范推广，苗种成活率较高，达 60％以上。推广养殖面积 1 000 多公顷，长丰鲢生长较普通鲢快 26.9％，增产效果明显。

（六）繁育基地建设

在长丰鲢新品种通过审定后，为了进一步提升供种能力，提高鲢的良种覆盖率。中国水产科学研究院长江水产研究所在保障新品种质量的前提下，先后合作建设了国家级长丰鲢良种场 1 个，湖北省长丰鲢良种场 3 个，在陕西、河南、安徽和广西建设长丰鲢繁育基地 6 个。

二、津鲢

津鲢由天津市换新水产良种场选育，于 2010 年通过全国水产原良种委员会的审定（品种登记号：GS-01-002-2010）（图 2-7）。

图 2-7　津　鲢
（天津市换新水产良种场提供）

（一）生物学特征

1. 亲本来源
河北省政府 1957 年奖励的 1 000 尾鲢春片（鱼种）。
2. 生物学分类
津鲢属鲤形目、鲤科、鲢亚科、鲢属。新品种名为津鲢，英文名 Jin sliver carp，俗名白鲢。

（二）选育过程

1. 亲本来源
1957 年河北省政府奖励的 1 000 尾鲢春片。

2. 选育目标

以生长速度快、形态学性状稳定、繁殖力高为选育目标。

3. 选育方法

采用群体繁殖和混合选择相结合的方法进行选育。

4. 选育过程

将 1957 年 3 月 20 日河北省政府奖励的 1 000 尾鲢春片培育成亲鱼，进行鲢的苗种生产和优良种质的保存。历经 40 余年，采用群体繁殖和混合选择相结合的方法进行群体选育，每代选留，选育亲本要求 4 龄鱼体重在 4 千克以上。5 龄鱼体重在 5 千克以上，6 龄鱼体重在 6.5 千克以上，7 龄鱼体重在 7.5 千克以上。经过连续 6 代的人工选育，保存了鲢的优良种质特性，形成了有一定推广数量的鲢新品种。2010 年通过全国水产原良种委员会的审定，正式命名为津鲢。

（三）生长特性

津鲢生活在水体的中上层，以浮游植物为食，能合理利用水体空间和水体中的生物饵料，提高养殖水体的综合利用率。津鲢可在全国可控水体中进行养殖，尤为适合北方水体养殖，生长较快。

（四）中试推广情况

1. 中试点的选择

从 2001 年开始，先后在华北和东北地区中试推广津鲢，以天津及周边示范推广为主，先后推广到辽宁、河北和山西等 12 个省（直辖市、自治区），累计推广 4 亿尾以上，推广养殖面积达15 000公顷以上。

2. 中试结果

（1）养殖成活率高　津鲢苗种较南方空运到场里的长江鲢原种养殖成活率高 20%～40%。津鲢水花培育至夏花成活率在 60%～80%，夏花培育至春片的成活率在 80%～90%，春片套养成商品鱼的成活率在 96%～100%。

（2）生长速度快 辽宁、河北和天津周边等地区的中试结果表明，津鲢生长速度和养殖产量均提高 10% 以上。

（3）耐寒能力强 津鲢具有较强的抗寒能力。根据黑龙江省养殖场（户）的养殖情况，津鲢鱼种能在池塘和水库中正常越冬，未出现过死亡现象。

（五）优良性状

津鲢主要有以下 4 个方面的优良性状。

（1）成活率高 平均成活率提高 20%～40%。

（2）生长快 1 龄鱼与长江普通鲢相比生长速度快 13.2%，2 龄鱼生长速度快 10.2%。

（3）适应性强 耐受水温为 1～42℃，适温性能强、耐低氧、抗寒能力强。

（4）繁殖力高 与长江普通鲢相比，4～6 龄雌鱼绝对繁殖力和相对繁殖力分别高 74.0% 和 45.4%。

第三章
四大家鱼绿色高效养殖技术

第一节　人工繁殖

一、亲鱼培育

（一）亲鱼培育池条件

培育池应靠近水源，面积一般3～5亩为宜，水深2.0～2.5米，以长方形、南北向为好。池坡比以1.0∶2.5为宜。保水性要好，不渗漏或基本不渗漏，有完整的进排水系统。底质平坦，便于捕捞。鲢和鳙亲鱼池以壤土为好，草鱼和青鱼亲鱼池以沙壤土为好。池底淤泥厚25～30厘米为宜。地点应选择在开阔向阳的地方，靠近产卵池和孵化设施为好，交通便捷，增氧机、电力等配套设施完备。

（二）水质要求

水源充足，无污染，水质除了符合《渔业水质标准》（GB 11607—1989）外，鲢、鳙亲鱼培育池的池水透明度应保持为25～35厘米，草鱼、青鱼亲鱼培育池的池水透明度应为30～40厘米。pH 7.0～8.5为好。溶解氧保持在5毫克/升以上。

（三）池塘清整与消毒

对于水源不足或水源水质不佳的亲鱼培育池，可采用池塘水循环自然净化系统或人工湿地净化系统（图3-1、图3-2）来处理，同时避免养殖尾水外排对环境造成的不良影响。对于老化池塘的改造,要清除过多的淤泥,维修损毁的池埂与渠道。在资金允许的条件下,可进行池坡、渠道的加固硬化改造,用砖石或混凝土护坡,或用水泥预制板护坡(彩图1)。池塘的消毒包括在干池后晒池,清除过多淤泥后,在投放亲鱼前一周采用生石灰消毒,每亩用量70~80千克,保持水深10厘米左右;或带水消毒,每亩水面每米水深用量150千克。如用漂白粉消毒,则投放亲鱼前3天左右泼洒漂白粉(有效氯含量达30%)清池消毒,化水全池泼洒(彩图2)。干池消毒每亩用漂白粉30~40千克,保持水深10厘米左右;或带水消毒,每亩水面每米水深用量60~80千克。

图 3-1 人工湿地

图 3-2 人工湿地出水口

(四) 亲鱼的选择

亲鱼种质应符合国家四大家鱼种质标准的规定（国家标准编号分别为草鱼 GB 17715、青鱼 GB 17716、鲢 GB 17717、鳙 GB 17718）。种质判别标准一般为鱼体可测量的比例性状，选择亲鱼时应特别注意体长/尾柄长这一性状要求。四大家鱼亲鱼的比例性状见表 3-1。

表 3-1　青鱼、草鱼、鲢和鳙亲鱼的比例性状

性状比例	青鱼	草鱼	鲢	鳙
全长/体长	1.15±0.04	1.14±0.02	1.15±0.22	1.14±0.03
体长/体高	4.27±0.28	4.30±0.35	3.29±0.20	3.40±0.33
体长/头长	4.39±0.24	4.44±0.28	3.66±0.22	3.23±0.23
头长/吻长	3.84±0.48	2.81±0.27	3.21±0.32	2.63±0.28
头长/眼径	7.14±0.71	9.34±1.23	10.16±1.08	12.02±1.67
头长/眼间距	2.37±0.21	1.80±0.17	1.96±0.21	1.94±0.27
体长/尾柄长	7.66±0.76	7.26±1.29	8.15±0.78	7.29±1.13
尾柄长/尾柄高	1.10±0.09	1.24±0.28	1.16±0.09	1.32±0.25

四大家鱼的种质标准为实现原种生产的科学化、标准化、规范化和产业化提供了支撑。用以繁殖生产的四大家鱼亲鱼以从国家或省级原、良种场引进后备亲鱼（或鱼种）为最佳。为保持合理的有效群体，引进的后备亲鱼必须有一定的数量，数量越多越好。考虑到引种的成本，一般后备亲鱼每批至少 200 尾，鱼种在 1 000 尾以上。培育过程中还应按照其种质标准进行筛选，以获得稳定性状的亲本。通常，养殖场应该定期引进原种后备亲鱼（或鱼种），用以补充或更新亲本。

(五) 青鱼和草鱼的亲鱼培育

1. 放养密度和比例

主养青鱼亲鱼的池塘，每亩水面放养 20 千克/尾以上的青鱼 10～15 尾；主养草鱼亲鱼的池塘，每亩水面放养 7～10 千克/尾的

草鱼 15～20 尾。另外，还可搭配鲢或鳙后备亲鱼 5～8 尾。合计每亩水面放养亲本总重量为 200 千克左右。雌雄比例为 1.0∶1.5。

2. 培育技术

青鱼亲本培育以投喂鲜活螺蚬和蚌肉为主，辅以少量豆饼或菜饼；也可投喂配合饲料，并辅以鲜活螺蚬和蚌肉，才能满足性腺发育的需要。其一年四季不断食，每尾亲鱼每年需投喂螺蚬 500 千克，豆饼或菜饼 10 千克左右。草鱼亲鱼的培育主要采用"青料为主、精料为辅、定期冲水"的原则。青料种类主要有黑麦草、苏丹草、莴苣叶、苦荬菜、水草、小米草、旱草和各种蔬菜。精料种类有大麦、小麦、稻谷、麦芽、谷芽、豆饼、菜饼和花生饼等，也可投喂配合饲料，日投喂量为鱼体重的 3%～5%。产后培育以每天午后每尾亲鱼投精料 100～150 克（干重），为体重的 1%～2%，9∶00—10∶00 投青料至 16∶00 吃完为好，为体重的 20%～40%。秋、冬季培育全部用精料，每天每尾投喂 25 克左右，水温高时隔天投喂 1 次，水温低时每隔 2～3 天投喂 1 次。春季强化培育，先更换一半池水，加注新水，水位保持 1.5 米左右。3 月开始投麦芽和豆饼，每天每尾 50～100 克，同时投喂青料。青料、精料比例以（15～20）∶1 为好。临产时停食。培育过程中应经常冲水，临产前冲水频率加大。

（六）鲢和鳙亲鱼的培育

1. 培育方式与放养密度

可采取单养或混养方式，一般采用混养。以鲢为主的混养方式，可搭养少量的鳙或草鱼；以鳙为主的可搭配草鱼。每亩水面放养量以 150～200 千克为宜。为抑制小杂鱼、虾的繁殖，可搭养少量的凶猛鱼类，如鳜、大口黑鲈和南方大口鲇等。主养鲢亲鱼池，每亩水面放养 30～40 尾鲢亲鱼（5～8 千克/尾），另搭养鳙亲鱼 2～4 尾（15 千克/尾）。主养鳙亲鱼池，每亩水面放养鳙 20～30 尾（10～15 千克/尾），另搭养草鱼亲鱼 2～4 尾（10 千克/尾）。主养亲鱼的雌雄比例以 1.0∶1.5 为好。亲鱼的放养还要考虑人工繁殖的实际规模，最好一个亲本池塘内的亲鱼在1~2次内可以催产繁殖完，以避免多次拉网对亲鱼造成损伤，影响催产率。培育后期应经常冲水，临产前加大冲水频率。

2. 水质管理与施肥

鲢、鳙亲鱼培育过程对水质的总体要求就是保持水质的肥度，使水质达到"肥、活、嫩、爽"。放养前先施好基肥，一般每亩300~500千克，放养后再根据季节和池塘具体情况，适当追肥。肥料可以是有机肥，也可以是生物肥。原则上要少施、勤施，看水、看天气施肥。一般每月每亩水面施发酵有机肥750~1 000千克。在冬季或产卵前可适当补充一些精饲料。

3. 产卵后培育

做到少施、分散施肥，多加新水，采用"大水、小肥"的培育方式。

4. 秋、冬季培育

入冬前强施肥（每亩水面500千克左右），入冬后再少量补充肥料。天晴时，补些精料。采用"大水、大肥"方式培育。

5. 春季强化培育

开春后，排去部分池水，保持水深在1米左右，易于提升水温与肥水，适当增加施肥量。每天或每2~3天施有机肥1次，辅以精料。采用"小水、大肥"方式培育。

6. 产卵前培育

产卵前15~20天，应少施或不施肥，经常冲水以刺激亲鱼性腺发育，保持水体较高的溶解氧。采用"大水、小肥"到"大水、不肥"方式培育。

二、人工催产与受（授）精

在自然条件下，性成熟的四大家鱼亲鱼在繁殖季节成群上溯到水流湍急、宽窄相间的江（河）段，在水位突然猛涨、水流速度加快、形成泡漩水等自然生态条件下才产卵。四大家鱼在静水池塘里

不能产卵与受精。自四大家鱼人工繁殖技术突破
后，人工模拟的产卵池与孵化环道很好地解决了
其繁殖和育苗问题，彻底改变了鱼苗"靠天吃饭"
的局面，结束了养殖鱼苗需从江河中捕捞的历史。

鲢鱼人工繁殖

（一）催产前准备

1. 产卵池

产卵池设施主要包括产卵池、排灌设备、收卵设备等（图 3-3）。
产卵池一般与孵化场所连在一起。面积一般为 60～100 米^2，可放 4～
10 组亲鱼（60～100 千克）。形状为圆形或椭圆形。相比较而言，圆
形池收卵快、效果好，被普遍采用。圆形产卵池采用三合土结构，
或由单砖砌成。池底由四周向中心倾斜，中心较四周低 10～15 厘
米。池底中心设置圆形或方形出卵口，上面用拦鱼栅盖住。出卵口
由暗管（直径 15～25 厘米）与集卵池（长 2.5 米、宽 2.0 米）相连。
集卵池底面比出卵口低 0.2 米。出卵暗管伸出集卵池壁 10～15 厘米，
便于集卵网的绑扎。集卵池末端的池墙设 3～5 级阶梯，每一阶梯设
排水口一个，上有压盖（彩图 3）。进水管一个，直径 10～15 厘米，
与产卵池池壁切线成 40°左右。放亲鱼前，在产卵池敞口上方装好拦
网，产卵池中放入亲鱼后放下拦网，防止鱼跳跃逃逸（彩图 4）。

图 3-3 产卵池

2. 催产药物

通常用于四大家鱼人工繁殖的催产剂主要有促黄体素释放激素类似物（LRH-A）、绒毛膜促性腺激素（HCG）、脑垂体（PG）、地欧酮（DOM）以及鱼用混合激素（如商品化的高效催产灵）等。

3. 催产期的确定

在最适宜的季节进行四大家鱼的催产是人工繁殖成功的关键之一。全国各地由于气温差异较大，催产时期也有较大的差异。通常，长江中下游地区适宜四大家鱼催产的季节为每年的5月上中旬至6月上旬。华南地区约提早1个月。华北地区为5月底至6月底，东北地区至7月上旬。即使是同一地区，四大家鱼每年的繁殖时间也不尽相同。繁殖时间主要根据水温来确定，通常四大家鱼在水温18～30℃时都可以催产，以22～28℃最为适宜。

（二）人工催产

1. 亲鱼配组

选择性腺发育良好、无病无伤的雌雄亲鱼进行配组繁殖。雌性亲鱼根据腹部轮廓、弹性和柔软程度及生殖孔红润程度等来判断。发育好的雌性草鱼腹部较松软，腹部向上时可见体侧卵巢块下垂的轮廓，腹部中间呈凹瘪状；雌性青鱼腹部膨大而柔软就可选用；鲢和鳙雌性亲鱼，仰翻其腹部，能隐见肋骨，抬高尾部隐约见卵巢轮廓向前移动。性成熟的雄性亲鱼，用手轻挤压腹部生殖孔两侧，有白色精液流出，精液遇水即散就可以使用。必要时可用挖卵器挖卵，放置在装有少量透明液的培养皿中2～3分钟后进行观察，卵核偏向卵膜边缘即表明卵已经成熟，这样的卵的数量越多就表明成熟度越好。透明液的配方有：①85％酒精；②95％酒精85份，福尔马林（40％甲醛）10份，冰醋酸（冰乙酸）5份；③松节油透醇（松节醇）25份，75％酒精50份，冰醋酸25份。如果催产后采用雌、雄鱼自然交配的产卵方式，雄鱼则需要稍多于雌鱼，一般雌雄比例以1.0∶1.5为好；如采用人工授精方式，雄鱼可少于雌鱼，1尾雄鱼可配2～3尾雌鱼。同一批雌、雄鱼个体体重应尽量一致

（彩图5、彩图6）。

2. 催产剂的注射

催产剂的使用量根据亲鱼的种类、亲鱼成熟度、催产剂的种类和繁殖水温等具体情况灵活掌握。一般在催产早期，催产剂剂量可适当偏高一些；温度较低或亲鱼成熟度较差时，也可适当增加用量。催产剂可以单一使用，也可混合使用。剂量与混合比例以经济而高效促使亲鱼顺利产卵与排精，又不伤亲鱼为标准。注射次数应根据亲鱼种类、亲鱼成熟度、催产剂种类和催产时期等来决定（彩图7）。

（1）草鱼、青鱼的催产

①草鱼的催产 草鱼亲鱼对 LRH-A$_2$ 反应灵敏，效应时间稳定。因而雌亲鱼一次注射剂量为 LRH-A$_2$ 5～10 微克/千克（以体重计，下同），雄亲鱼剂量减半。

②青鱼亲鱼的催产 青鱼亲鱼性腺发育成熟度往往相对其他家鱼较差。故采用二次或三次注射。采用二次注射时，雌鱼第一次注射 LRH-A$_2$ 1～3 微克/千克；24～48 小时后，第二次注射 LRH-A$_2$ 20 微克/千克＋DOM 5 微克/千克，或 LRH-A$_2$ 7～9 微克/千克＋PG 1～2 微克/千克。雄鱼剂量减半。如雄鱼性腺发育差，则与雌鱼剂量一致。采用三次注射时，第一次注射青鱼在催产前 2 周左右，每尾雌鱼注射 LRH-A$_2$ 5 微克/千克；第二次注射 LRH-A$_2$ 5 微克/千克；12～20 小时后注射第三针，剂量为 LRH-A$_2$ 20 微克/千克＋DOM 5 微克/千克，或 LRH-A$_2$ 10 微克/千克＋PG 1～2 微克/千克。雄鱼在末次注射。同理，如雄鱼性腺发育差，则与雌鱼第一针一样打预备针且末次注射剂量与雌亲鱼相同。

（2）鲢、鳙的催产 雌鱼催产注射。

①一次注射 HCG 1 000 国际单位/千克。

②二次注射 LRH-A$_2$、DOM 和 HCG 混合使用时，第一次注射 LRH-A$_2$ 5 微克/千克＋DOM 0.5 毫克/千克，8～10 小时后第二次注射 HCG 800 国际单位/千克。LRH-A$_2$ 与 HCG（或 PG）混合使用时，剂量为 LRH-A$_2$ 10 微克/千克 ＋HCG 800～1 000 国际单位/千克（或 PG 0.5～1.0 毫克/千克）。

雄鱼均在雌鱼第二次注射时注射，且剂量为雌鱼的一半。

3. 注射方法

鱼用激素药物需用 0.6％氯化钠溶液或纯水溶解，注射液量控制在每尾亲鱼注射 2～3 毫升为宜。四大家鱼亲鱼注射一般采用体腔注射，注射针头与胸鳍基部成 45°插入（图 3-4）。

图 3-4　催产注射

4. 效应时间

四大家鱼亲鱼注射催产剂后（末次注射）到开始发情产卵所需要的时间称为效应时间。效应时间的长短与亲鱼种类、年龄及成熟度、催产剂的种类、注射次数和繁殖水温等有密切关系。如注射 PG 比 HCG 效应时间要短 1～2 小时。注射 LRH-A$_2$ 比 PG 或 HCG 效应时间要长。水温与效应时间呈负相关。水温高时，效应时间短。一般情况下，水温每差 1℃，效应时间增加或减少 1～2 小时，草鱼一次注射催产剂 LRH-A$_2$ 的效应时间参见表 3-2。一般二次注射比一次注射效应时间要短。效应时间随注射间隔时间延长有缩短的趋势。效应时间长短也随家鱼种类不同而不同。草鱼效应时间短，鲢居中，鳙和青鱼略长。另外，人工催产时还要注意天气的变化，尽量避免降温前进行催产，因为寒潮降温不利于正常产卵，效应时间也相应延长，发生难产的概率增加。

表 3-2　草鱼一次注射催产剂 LRH-A$_2$的效应时间

水温（℃）	效应时间（小时）
20～21	19～22
22～23	17～20
24～25	15～18
26～27	12～15
28～29	11～13

（三）产卵与受（授）精

1. 自然产卵受精

四大家鱼注射催产剂后，亲鱼在激素的作用下产生生理反应，出现雄鱼追逐雌鱼现象，叫做发情（彩图 8）。发情高峰时，往往雄鱼头顶雌鱼腹部，使雌鱼侧卧水面，腹部与尾部激烈收缩运动，卵子一涌而出，同时雄鱼紧贴雌鱼腹部排精，精卵在水中迅速结合完成受精过程。一般亲鱼开始产卵后，每隔几分钟至数十分钟产卵一次。整个产卵过程可持续数小时。自然产卵受精的优点是亲鱼受伤较少，不受多尾亲鱼产卵时间不一致的影响；缺点是雄鱼少或雄鱼精液质量不高时，受精率低。

2. 人工授精

通过人为措施使精子与卵子混合在一起从而辅助受精的过程称为人工授精（彩图 9）。人工授精的核心是要保证精子与卵子的质量。四大家鱼的卵子从脱离滤泡至产出，水温 28℃左右时，能正常受精的时间仅有 1～2 小时，离体鱼卵在原卵液中绝大部分在 10 分钟内不会失去受精能力，过半数卵可维持受精能力在 20 分钟以上，而遇水 60～90 秒基本失去受精能力。离体精子在浓度为 0.3％～0.5％的盐水中，水温 24℃时，运动持续时间为 115～170 秒，但在 60 秒后，失去受精能力。精子在水中具较高受精能力的快速运动时间仅有 20～30 秒。因此人工授精时，加水激活后应快速搅动，使精子和卵子充分结合完成受精过程。人工授精的优点是受精率相对较高，雄鱼较少的情况下受精率有保证。在进行人工授精时，要避免精液、卵子受阳光直射。操作时动作要轻快，避免对亲鱼造成伤害。

四大家鱼人工授精方法共有三种：干法授精、半干法授精和湿法授精。

（1）干法授精　当发现亲鱼发情进入产卵时刻（集卵池发现有少许鱼卵时）时，立即捕捞起亲鱼检查。若轻压雌鱼腹部有卵流出，则一人用手压住生殖孔，将鱼用鱼夹提出水面，擦拭鱼体生殖孔附近的水分，轻压鱼腹部将鱼卵挤入盆中，与此同时另外一人将雄鱼精子挤入盆中，用手轻轻搅匀1～2分钟；然后加入清水再搅匀1～2分钟，静置1分钟后倒掉盆中的水；再用清水冲洗受精卵2～3次，移入孵化器中孵化（彩图10）。

（2）半干法授精　先将精液用吸管吸出，用0.3％～0.5％的生理盐水稀释3～5倍，然后倒在盛卵的盆中，再按干法授精方式进行授精。

（3）湿法授精　同时将精液和卵子挤在盛有清水的盆中，并不停地轻轻晃动盆，然后再按干法授精方法操作。

3. 受精率的统计

在四大家鱼大多数正常胚胎发育至原肠胚中期，胚体下包卵黄2/3处时开始计数以统计受精率。未受精卵通常混浊、发白或呈空心卵（彩图10至彩图14）。应随机取不少于100枚卵进行统计。

$$受精率＝受精卵数/总卵数×100％$$

4. 鱼卵质量的鉴别

鱼卵质量好坏与家鱼性腺发育有直接关系。肉眼可从外部形态上鉴别其质量优劣。具体见表3-3。

表3-3　鱼卵质量优劣的鉴别

性状	鱼卵质量	
	成熟卵（优）	不熟或过熟卵（劣）
颜色	透亮	暗淡
大小	整齐均匀，饱满	大小不一，不饱满

（续）

性状	鱼卵质量	
	成熟卵（优）	不熟或过熟卵（劣）
吸水情况	吸水膨胀快	吸水不足且吸水膨胀慢
弹性状况	卵球饱满，弹性佳	卵球扁塌，弹性差
静止时鱼卵胚胎所处位置	胚体动物极侧卧	胚体动物极向上，植物极向下
胚胎发育	卵裂整齐，分裂清晰，发育正常	卵裂不规则，发育异常

5. 产后亲鱼的护理

产后的亲鱼或多或少都会有一些受伤。亲鱼受伤的原因主要有网目过大、网线粗糙、拉网次数过多，捕鱼操作不细心，运输时间过长，亲鱼在产卵池中跳跃等。产后亲鱼的护理，首先将产后疲惫的亲鱼及时放入水质清新的池塘，并精养细喂。为防止伤口感染，可在伤口涂药和注射抗菌药物。亲鱼皮肤轻度外伤，可涂擦高锰酸钾溶液、青霉素药膏等药物。受伤严重者，除涂擦消炎药物外，可注射青霉素。

（四）受精卵的孵化

孵化指受精卵胚胎发育至孵出鱼苗的全过程（彩图15）。四大家鱼的特点是胚胎期较短，而胚后发育期较长。在最适水温时，经20～25小时出膜。出膜后属胚后发育阶段。刚出膜鱼苗，无胸鳍用以保持平衡，无鳔，也不能上下浮沉，眼无色素而不能感光，且肠道未通还不能摄食，只能以自身携带的卵黄为内源性营养。其对环境适应能力最差，刚出膜鱼苗也是家鱼一生中最脆弱的阶段。从出膜到能主动摄食需3～4天，之后方可独立生活。

草鱼发育过程

鲢发育过程

1. 影响孵化的环境因素

四大家鱼鱼卵属半浮性卵，卵子受精吸水后，卵膜迅速膨胀，晶莹饱满，直径为5～6毫米。在静水中沉底，在流水中则漂浮，因而在人工孵化时需要保持一定的流水，使水体富含溶解氧。

（1）温度 胚胎发育要在适宜的温度范围，温度过高或过低都能引起发育不良。四大家鱼胚胎发育水温范围为18～30℃，适温为22～28℃，低于18℃或高于30℃就会引起发育停滞或死亡。在适宜温度范围内，温度越高，发育越快；温度越低，则发育越慢。草鱼和鲢胚胎发育速度较快，青鱼和鳙则稍慢一些。

（2）溶解氧 四大家鱼胚胎发育需要较高的溶解氧，不耐受较低溶解氧（1.6毫克/升以下），水中溶解氧不足时，会引起胚胎发育迟缓、停滞甚至造成窒息死亡，而且溶解氧不足时即使能孵化出鱼苗，畸形率也较高。在孵化时，还要保证一定的流水，避免受精卵沉底堆积而造成缺氧。另外，死亡的胚胎也消耗大量溶解氧，败坏水质。因此，生产上，孵化用水要保证足够的溶解氧，应保持在3毫克/升以上，最好在5～8毫克/升。

（3）水质 孵化用水应水质清新、未被污染。还需安装适当的过滤装置，防止敌害生物或污物流入。偏酸或过于偏碱性的水体须经过相关处理后才能用来孵化鱼苗。

2. 孵化器种类与构造

目前，养殖生产上常用的四大家鱼孵化器有孵化环道、孵化桶和孵化槽等。

（1）孵化环道 就是用砖和水泥砌成的一种环形水池（图

图3-5 孵化环道

49

3-5)。其大小根据实际生产规模而确定。通常，椭圆形小型孵化环道长 3～4 米，大型的长 6～8 米，环道宽约 1 米，深 0.9 米。孵化环道内两侧设置有纱窗，用以进行水体交换，底部装有鸭嘴形状的喷头用以增加流速，避免受精卵沉底造成缺氧死亡（图 3-6）。环道也可以是圆形。环道内每立方米水体可孵化鱼卵 100 万～200 万粒，适用于大规模苗种生产。加大孵化环道的过滤纱窗，可增加水体有效过滤面积，对防止贴卵、减小人工洗刷纱窗强度有良好效果。

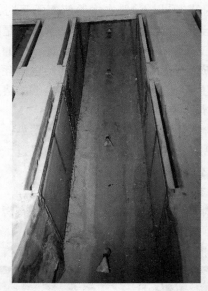

图 3-6　孵化环道中的纱窗和鸭嘴喷头

（2）孵化桶　一般用白铁皮、玻璃纤维或塑料制作而成，其主要是通过底部进水使鱼卵在孵化桶中翻滚，保证充足的溶解氧进行孵化（图 3-7）。容水量一般以 250 升左右为宜。纱窗可用筛绢布做成，规格 50 目/厘米^2。一个孵化桶可孵化 30 万～50 万粒卵。水温高、受精率低时，应相应降低密度。

（3）孵化槽　用砖和水泥砌成或塑料定制的一种长方形孵化水槽（图 3-8）。其大小依据生产需要而定。较大的一般长 2 米、宽 1

米、深 1.5 米。每立方米水体可放鱼卵 70 万～80 万粒。槽底装有鸭嘴喷头进水，在槽内形成上下环流，保障充足的溶解氧。

图 3-7 孵化桶

图 3-8 孵化槽

3. 鱼苗下池或出售

四大家鱼受精卵在孵化器中孵化一周左右，鱼苗鳔充气，能够平游，此时用盘子盛放鱼苗，用手向顺时针或逆时针方向搅动，若鱼苗能逆水游动，说明其可以主动开口摄食，则可以将鱼苗转入池塘培育或销售（彩图 16 至彩图 19）。通常将出苗率作为衡量孵化效果的指标。

$$出苗率＝（出苗数/受精卵数）×100\%$$

4. 孵化管理

鱼卵在孵化器中孵化，除了保证水质清新、无敌害生物外，还需在流水中进行孵化，直至出苗下池或出售。孵化期间昼夜应有专人值班，做到"勤检孵化用水防缺水，勤刷过滤纱窗防堵塞，勤检过滤纱窗无漏洞"，避免卵和苗逃逸。通常在蓄水池中安装两层过滤纱网，第一层拦渣；第二层 60～80 目，防水蚤、小杂鱼进入孵化器中伤害鱼卵及鱼苗。此外，孵化季节应备有发电机，停电时应急发电进行孵化，防止鱼卵因电力影响造成死亡。

第二节　苗种培育

一、苗种术语

在苗种生产过程中，经常会用到一些传统的名词术语，这些名词术语是中国渔民在渔业生产实践中的智慧结晶。

鱼苗：指个体全长 3 厘米以下的稚鱼。

鱼种：指个体全长达 3 厘米以上的稚鱼与幼鱼。

水花：指从孵化器中孵化出的能平游，并主动摄食，可下池或出售的鱼苗。

乌仔：指个体全长达 1.5～2.5 厘米的鱼苗。

夏花：又称火片或寸片，指个体全长达 3～5 厘米的鱼种。

秋花：又称秋片，北方秋季出池的鱼种。

冬花：又称冬片，一般指个体全长在 8～20 厘米的鱼种。

春片：又称春花，指越冬后的鱼种。

仔口鱼种：江浙一带对 1 龄鱼种的通称。

老口鱼种：指青鱼或草鱼的 2 龄鱼种。

二、胚后发育分期

鱼类胚后发育期可分五期。

仔鱼期：鱼苗身体具鳍褶，仔鱼个体全长 0.5～0.9 厘米。

稚鱼期：鳍褶完全消失，体侧开始出现鳞片以至全身被鳞，个体全长 1.7～7.0 厘米。

幼鱼期：全身被鳞，侧线明显，胸鳍条末端分支，体色和斑纹与成鱼相似，个体全长 7.5 厘米以上。

性未成熟期：具成鱼形态结构，但性腺未发育成熟。通常，南方 1～2 龄的四大家鱼、北方 2～3 龄的四大家鱼属于此期。

成鱼期：性腺第一次成熟至衰老死亡。

四大家鱼鱼苗、鱼种培育期处于胚后发育的仔鱼后期、稚鱼期和幼鱼期，是鱼类一生中发育最旺盛的时期。其形态结构、生态和生理特性等会发生一系列的规律性变化。

三、鱼苗的质量鉴别

（一）外形鉴别

苗种质量的好坏关系到苗种的成活率及生长。四大家鱼鱼苗可根据其体形、鳔的形状和大小、体色和色素的分布、尾鳍鳍褶的形状特征进行区分，详见表 3-4。

表 3-4　四大家鱼鱼苗外形鉴别

鱼苗	体形	体色	色素	鳔（腰点）	尾部
青鱼	体长，略弯曲	淡黄色	灰黑色，明显直达尾端，在鳔处略向背面拱曲	椭圆形，较狭长，前端钝，后端尖	有不规则小黑点

（续）

鱼苗	体形	体色	色素	鳔（腰点）	尾部
草鱼	较青鱼、鲢、鳙短，比青鱼胖	淡橘黄色	明显，起自鳔前，达肛门之上	椭圆形，较狭长而小，距头部近	尾小，笔尖状，具红色血管丛
鲢	体平直，仅小于鳙、青鱼	灰白或灰黑色	明显，自鳔到尾部，但不到脊索末端	椭圆形，前端钝，后端尖	上下叶具两黑点，上小下大，尾呈现刀切形
鳙	体较大，肥胖	嫩黄色	黄色，较直，在肛门后不明显	椭圆形，较鲢大，距头部远	蒲扇形，下叶具一黑点

（二）质量鉴别

生产上可根据四大家鱼鱼苗的体色和游泳情况等来区分其优劣。鉴别方法见表3-5。

表 3-5　四大家鱼鱼苗质量优劣鉴别

鉴别方法	优质苗	劣质苗
体色	色泽一致，无白色死苗，鱼体清洁，微黄或稍红	色泽不一，有白色死苗。鱼体拖带污泥，体色发黑带灰
游泳情况	在容器内将水搅动产生漩涡，鱼苗在漩涡边缘逆水游泳	在容器内将水搅动产生漩涡，鱼苗大部分被卷入漩涡
抽样检查	在白塑料盘中，口吹水面，鱼苗逆水游泳。倒掉水后，鱼苗在盆底剧烈挣扎，头部弯曲成圆圈状	在白塑料盘中，口吹水面，鱼苗顺水游泳。倒掉水后，鱼苗在盆底挣扎能力弱，头部仅能扭动

四、夏花鱼种的质量鉴别

（一）外形鉴别

1. 青鱼夏花
体色青黄，鳞片不清楚，吻较尖，尾柄下端有一菱形黑色斑，颜色浓。

2. 草鱼夏花

体色淡金黄，鳞片清楚，吻钝额阔。

3. 鲢夏花

体色银白，腹鳍和臀鳍之间有鳍褶，鳍褶边缘黑色素排列整齐，尾鳍近尾柄处呈较淡的黄色。腹棱由肛门直至胸部，胸鳍仅达腹鳍基部。

4. 鳙夏花

体色金黄，鳍褶上黑色素稀疏散乱，尾鳍近尾柄处为显著的黄色。腹棱由肛门直至腹鳍。胸鳍长，盖过腹鳍基部。

（二）质量鉴别

夏花鱼种质量优劣可根据出池规格大小、体色、鱼类活动情况以及体质强弱来判别，见表 3-6。

表 3-6　四大家鱼夏花鱼种质量优劣鉴别

鉴别方法	优质夏花	劣质夏花
出池规格和体色	出池规格整齐，体色有光泽	出池规格大小不一，体色暗淡无光，变黑或变白
活动情况	行动活泼，集群游动，受惊后迅速潜入水底，不常在水面停留，抢食能力强	行动迟缓，不集群，在水面慢游，抢食能力弱
抽样检查	鱼在白塑料盘中狂跳。身体肥壮，头小，背厚。鳞片、鳍条完整，无异常现象	鱼在白塑料盘中很少跳动。身体瘦弱，背薄。鳞片、鳍条残缺，有充血现象或异物附着

五、苗种的食性与转化

刚孵出的四大家鱼鱼苗均以卵黄囊中的卵黄为营养。当鳔充气后，鱼苗边吸收卵黄边从外界摄取食物。当卵黄囊消失后，鱼苗就可以完全依靠外界食物作为营养物质。此时鱼苗个体小，活动能力弱，口径小，采食器官发育还不完全，只能靠吞食来获取食物；食物范围窄，只能吞食小型浮游动物（主要为轮虫和桡足类的无节幼体），生产上称之为开口饵料。随鱼苗的长大，其个体增大，口径变宽，游动能力增强，采食器官也逐步发育完全，食性也逐步转化，食物范围也逐步扩大。详见表3-7。

表3-7 四大家鱼鱼苗发育至夏花阶段的食性转化

鱼苗全长（厘米）	青鱼	草鱼	鲢	鳙
0.7～0.9	轮虫、桡足类无节幼体	轮虫、桡足类无节幼体	轮虫、桡足类无节幼体	轮虫、桡足类无节幼体
1.0～1.07	小型枝角类	小型枝角类		
1.1～1.15			轮虫、小型枝角类、桡足类	轮虫、小型枝角类
1.23～1.25	枝角类	枝角类	轮虫、枝角类、腐屑、少数浮游植物	轮虫、枝角类、桡足类、少数大型浮游植物
1.5～1.7	大型枝角类、底栖动物	大型枝角类、底栖动物	浮游植物、轮虫、枝角类、腐屑	轮虫、枝角类、腐屑、大型浮游植物
1.8～2.3	大型枝角类、底栖动物，并杂有碎片	大型枝角类、底栖动物，并杂有碎片		
2.4	大型枝角类、底栖动物，并杂有碎片	大型枝角类、底栖动物，并杂有碎片	浮游植物显著增加	浮游植物数量增加，但不及鲢
2.5	大型枝角类、底栖动物，并杂有碎片	大型枝角类、底栖动物，并杂有碎片	浮游植物占绝大部分，浮游动物比例大为减少	浮游植物数量增加，但不及鲢

四大家鱼从鱼苗到鱼种的发育阶段，鲢和鳙由吞食过渡到滤

食，草鱼和青鱼则始终是吞食。随着个体的生长，它们食谱范围扩大，食物个体增大。

六、生长

在苗种阶段，四大家鱼生长速度很快。鱼苗到夏花阶段，相对生长率最大，也是生命周期的最高峰。鱼苗期内，鱼个体小，绝对增重量也小。在鱼种饲养阶段，鱼体相对生长率明显下降，但绝对重量则增加。

七、池塘中分布情况

四大家鱼鱼苗培育都是在池塘等小水体中进行。刚下池塘时，鱼苗在池塘四周较浅水体中生活。当鱼苗长至 1.5 厘米左右时，由于鱼苗食性开始转变，鲢和鳙鱼苗逐渐由四周较浅处游向中间，在池塘中间的中层活动；而青鱼和草鱼则逐渐转到中下层活动，并大多在沿池塘边浅水处觅食，此区域大型浮游动物和底栖动物较多。

八、对水环境的适应

鱼苗阶段鱼体幼小、嫩弱、游泳能力较差，对鱼、虾、蛙、水生昆虫和剑水蚤等敌害生物的抵抗能力弱，极易遭到敌害生物的捕食。鱼苗对不良环境的适应能力也较差，对水环境要求比成鱼更为严格，适应范围较小，如 pH 要求 7.0～8.5；对盐度和温度的适应能力也比成鱼差。成鱼可在盐度为 5.0 的咸淡水中正常生长发育，但鱼苗在盐度为 3.0 的水中生长缓慢。5 日龄的草鱼苗，水温降至 13.5℃以下时，开始出现冷休克；降至 8℃时，出现全休克。

九、鱼苗培育

鱼苗培育是指将鱼苗养成夏花鱼种的阶段。鱼苗培育需要做到尽心、精心和细致。发塘池保持水质良好，无敌害，适口饵料充足且质量好。鱼苗投放密度要合理，投放过多，则饵料不足难以满足生长，过少则降低池塘的利用率。通常生产中，一般每亩投放30万～50万尾水花，经20天左右饲养可达到3厘米以上。培育良好的鱼苗需要具备以下要素。

（一）选择良好的池塘

1. 池塘交通便利，水源充足，水质良好，不含泥沙，进排水方便。

2. 池塘整齐，东西向为宜，长方形，长宽比以5∶3为好。面积1～3亩，水深1.0～1.5米。

3. 池埂坚固，不漏水。池底平坦，并向出水口位置倾斜。池底淤泥少，无砖瓦、石砾，无丛生水草，便于拉网。

4. 鱼池通风向阳，水温提升快，也利于有机物的分解和浮游生物繁殖，增加水体溶解氧。

5. 装有过滤设施。

（二）整池与清池

老旧池塘由于养鱼多年，淤泥较厚，堤基经常会受到水体的冲击，或多或少有一定坍塌，必须清理与修整。填好漏洞与裂缝，清除杂草。整塘曝晒数日后方可进行清池。池塘清整的优点在于改善水质，便于增加水体肥度，可增加鱼种放养量，杀灭敌害，减少鱼病的发生。常用的清池药物主要有生石灰和漂白粉。

1. 生石灰清池

生石灰遇水生成强碱性的氢氧化钙，在短时间内使池水pH上升到11以上，可杀灭野杂鱼类、虾、蛙卵、蝌蚪、水生昆虫、丝状藻类、寄生虫和致病菌等。生石灰清池还可保持池水pH的稳定，使水体呈微碱性，改良底质，释放出被淤泥吸附的氮、磷和钾等营养盐类，增加水体肥度。清池方法有干法清池与带水清池。生石灰清池的关键是石灰必须为块状石灰，将石灰溶于水后，不冷却即向池中全池泼洒。

2. 漂白粉清池

漂白粉一般含有效氯 30％左右，遇水分解会释放出次氯酸。次氯酸立即释放出新生态氧，它有强烈的杀菌和杀死敌害生物的作用。对于盐碱地鱼池，一般用漂白粉清池，不会增加池塘的碱性。用法：每立方米水体用量为 20 克，加水溶解后全池泼洒。漂白粉加水后释放出新生态氧，挥发、腐蚀性强，能与金属起反应，因此操作时要戴口罩，在上风处泼洒药物，用非金属容器盛放。其易受潮分解，受阳光照射也分解，因此，要保存在密封塑料袋或陶器内，存放于阴暗干燥处。

（三）确保鱼苗下池时有充足的适口饵料生物

四大家鱼鱼苗培育可以清水下塘，也可以肥水下塘。通常采取肥水下塘，鱼苗塘提前进行肥水，培育好适口的浮游动物。水花鱼苗最适口饵料为轮虫和桡足类无节幼体等小型浮游动物。底泥中含有大量轮虫休眠卵，放水时翻动底泥，7 天后池水中轮虫数量明显增加。鱼苗下塘时间应在清塘后 7～10 天为好。施用有机肥后轮虫生物量比天然生产力高 4～10 倍，高峰期可维持 5～7天。如施发酵腐熟粪肥，可在鱼苗下池前 5～7 天进行，掺水后每亩泼洒 150～200 千克；如用绿肥堆肥或沤肥，则在下池前 10～14 天施肥，每亩投放 200～300 千克，绿肥堆放在池塘两长边水下或池塘四角水下，浸泡使其腐烂，并经常翻动，经一周左右腐化分解，捞出残渣，此时水色变为绿褐色或茶褐色，透明度在 30 厘米左右。经 10 天左右水质肥度下降，及时追肥。追肥量为基肥量的 1/3～1/2。追肥要根据鱼的活动情况和天气变化灵活掌握。如天气突变、温度急剧下降或上升、鱼轻微浮头等，应暂停追肥。

（四）鱼苗放养

鱼苗下池前先要用鱼苗试水，检查其毒性是否消失，检查池中是否有蛙卵、蝌蚪等敌害生物；下池前应饱食开口，一般投喂煮熟的鸡蛋黄，化浆在苗种容器中泼洒，每10万尾苗投喂1个鸡蛋黄。下池时注意温差不超过3℃，安全水温不低于13.5℃；在上风口投放鱼苗；密度适中，每亩投放30万～50万尾为好。青鱼和草鱼密度可低一些；鲢和鳙密度可高一些。

（五）饲养管理

清水下池可投喂豆浆或浸泡发酵好的豆饼等进行肥水。此外，还可以投喂生物肥等。常规培育四大家鱼鱼苗的饲养方法有豆浆培育法、大草培育法、混合培育法、发酵饼水培育法及肥料培育法等。

1. 豆浆培育法

在清水下池条件下，利用浸泡的黄豆磨浆泼洒进行肥水喂鱼。操作时，黄豆加水泡软，水温25℃左右时浸泡5～7小时，1.5千克黄豆带水一次性可以磨成25千克豆浆。磨好的豆浆不宜久放，也不可先磨成浓浆再加水泼洒。每亩池塘每天用黄豆3～4千克，一周后增加到5～6千克。每天上午、下午两次磨浆泼洒。每养成1万尾夏花鱼种需黄豆7～8千克。鲢鱼苗活动范围广，泼浆时应全池均匀泼洒。青鱼、草鱼和鳙鱼苗沿池边活动较多，应在池塘四周浅水区均匀多泼。鱼苗经10天左右培育，鱼体长大，需增加粉状人工精料，每天每亩池塘用2.5千克，拌湿后以条状相对集中投于水下池坡边，以利鱼群摄食。

2. 混合培育法

混合培育就是采用投饵与施肥相结合的方式，即在鱼苗下池前4～5天施有机肥（每亩用200千克左右）作基肥。鱼苗肥水下塘，投放到池塘后每天用豆浆培育法用量的一半，泼豆浆一次。后期增加粉状人工精料，在池塘坡边投喂。若池塘水质变瘦，应适当追肥。生产上多采用此方式培苗。

3. 大草培育法

中国广东和广西地区多采用此法培苗。所谓"大草"，是指一些野生无毒、茎叶柔嫩的菊科和豆科植物，泛指绿肥。在鱼苗下池塘前 7～10 天，每亩投放大草 300 千克左右，分别堆放在池塘的四角或两长边池塘水下，腐烂后培养浮游生物。鱼苗下池后，每隔 5 天左右投放大草作追肥，每次每亩 150 千克左右。每亩水面养成夏花需大草 650～800 千克。如发现鱼苗生长慢，可补加精饲料。大草培育法的缺点是水质不稳定、溶解氧相对较差，应密切关注投大草的数量和间隔期。

4. 肥料培育法

用发酵的粪肥或微生物菌肥（微生态制剂）等有机肥料培育饵料进行鱼苗培育。一般在放苗前 4～5 天使用，每亩池塘泼洒发酵粪肥 100～150 千克，或微生态菌肥 1.5～2.0 千克。施肥 1 周后，观察水的肥度，适时追肥，少量多次。

（六）分期注水

鱼苗刚开始投放到池塘时，个体小，池深保持 50～60 厘米，每隔 3～5 天注水 1 次，每次加水 10～20 厘米。整个鱼苗培育期需要注水 3～4 次，直至达到正常水位。注水时注水口应有密网过滤，阻止野杂鱼及敌害生物随水进入池塘。分期注水的优点是早期水浅有利于水温的升高和有机物的分解以及天然饵料生物的繁殖与鱼苗生长，也可节约饵料与肥料的用量。根据鱼苗的生长和池塘水质变化，适当添加新水，提高水位，增加水体透明度和溶解氧，可改善水质并增大苗种的活动空间，促进饵料生物繁殖与鱼苗的生长。

（七）日常管理

每天巡塘 2～3 次，早上查看鱼苗是否有浮头现象，要及时清除蛙卵、消灭有害昆虫及其幼虫；午后查看鱼苗活动情况，除去杂草；傍晚查看水质、天气、水温、注排水和施肥量等。经常检查有无鱼病发生，及时预防鱼病。做好必要的养殖日志，记录好每个池塘鱼苗活动情况、水质状况、投饵施肥及注水情况等相关内容。

（八）拉网炼鱼

鱼苗经过 16～18 天养殖，长至 3 厘米左右，体重增加了几十倍，此时需要有更大的活动空间。同时，鱼池的水质与营养条件也已经不能很好地满足鱼种的生长，需要分池稀养，有的鱼种还需要运输到外地养殖。而此时正值夏季，水温较高，鱼种的新陈代谢旺盛，活动强烈，体质又较为嫩弱，对缺氧等不良环境适应能力差，因此在出池塘前必须经 2～3 次拉网锻炼。拉网锻炼的作用主要是：鱼种经适当的密集锻炼后，可降低鱼体组织中水分含量，肌肉变得更加结实，体质更健壮，从而经受得起操作应激与运输中的颠簸，也能增强对适度缺氧的适应能力；同时也可以促使鱼体分泌大量黏液和排出肠道中的粪便，减少运输水质的污染，提高鱼的运输成活率。

拉网锻炼的工具主要有夏花被条网、捆箱和鱼筛等。

1. 夏花被条网

用于夏花炼鱼、出塘分养。网长约为池塘宽度的 1.5 倍，网高为水深的 2～3 倍。网衣材料为 12～16 目/厘米的蚕丝罗布或麻罗布。

2. 捆箱

为长方形网箱，用于夏花鱼种囤网炼鱼、筛鱼、分养。箱高 0.8 米、宽 0.8 米、长 5～9 米。网箱网衣同夏花被条网网衣，网箱四周有网绳。箱口四角及口边每隔 1 米装耳绳 1 根，每根长约 30 厘米。同时在池塘中的一侧插好两排竹竿，就地装网（图 3-9）。

3. 鱼筛

用于将不同大小、不同规格的鱼种分开。市场上出售的有半球形鱼筛和立方体形鱼筛，前者优于后者（图 3-10）。鱼筛用毛竹丝、藤皮加工而成。要求竹丝圆而光滑，粗细均匀，编结牢固。一套鱼筛的数量是 30 多个。常用的规格如下：筛眼间距 2.5 毫米，可筛出 2.2 厘米的鱼种；筛眼间距 3.2 毫米，可筛出 3.3 厘米的鱼种；筛眼间距 5.8 毫米，可筛出 5.0 厘米的鱼种；筛眼间距 7.0 毫

图 3-9 捆 箱

米，可筛出 6.0 厘米的鱼种；筛眼间距 12.7 毫米，可筛出 9～10
厘米的鱼种。

图 3-10 鱼 筛

夏花鱼种出池计数可用量杯法进行。量杯可选用 250 毫升的塑料直筒杯，杯底设若干个小孔排水。用抄网（彩图 20）捞鱼种装满量杯，统计总量杯数，抽样一杯数鱼种尾数，即可得出鱼种总尾数。

十、鱼种培育

鱼苗养成夏花后体重增加几十倍，因其密度过大已经不适宜在原有池塘继续养殖，夏花鱼种必须经过拉网分筛后进行稀养，经过一段时间在池塘精心培育，才能放入大池塘或大水面进行成鱼养殖。大规格鱼种培育的方法主要有池塘专池培育、池塘搭养夏花鱼种、网箱培育鱼种三种。以下介绍池塘专池培育技术。

1. 鱼池条件

鱼种池塘条件与鱼苗池相似，面积更大一些，一般以 2～5 亩为宜。水深要求 1.5～2.0 米。其整池、清池消毒方法类同鱼苗培育池。

2. 施基肥

夏花阶段四大家鱼鱼种食性已经开始分化，但对浮游动物均喜食，且生长迅速。因此仍然需要施基肥培育饵料生物。具体施肥量同鱼苗培育池施基肥。鲢和鳙鱼种池鱼种投放时间应控制在轮虫高峰期。青鱼和草鱼培育池鱼种投放时间应控制在枝角类（水蚤）高峰期。草鱼池还可在池塘里培养芜萍或小浮萍作为其适口饵料。

3. 科学放养

以青鱼为主养对象，青鱼夏花应占放养量的 60%～70%，搭养鲢夏花 20%～30% 和鳙夏花 8%～10%；以草鱼为主养对象，草鱼夏花应占放养量的 60%～70%，搭养鲢夏花 20%～30% 和鳙夏花 8%～10%；以鲢为主养对象，鲢夏花占总放养量的 60%～70%，搭养鳙夏花 8%～10% 和草鱼夏花（或青鱼夏花）20%～30%；以鳙为主养对象的池塘，鳙夏花占总放养量的 60%～70%，搭养草鱼夏花（或青鱼夏花）20%～30%，一般不搭养鲢夏花，因同规格鲢鱼种的抢食能力比鳙要强，与草鱼或青鱼主养一样，要提供较多精料。草鱼与青鱼相类似，也不可同池搭养。主养鱼夏花可先投放入池塘，搭养的鱼可推迟放养，可提高主养鱼对饵料的抢食能力。无论是主养还是搭养品种，应先投放鳙、草鱼和青鱼，过10天左右方可投放鲢，且其规格应略小。同样出池规格，鲢和鳙放养量较青鱼和草鱼多一些，鲢比鳙可多一些。具体放养密度，要根据养殖目标、池塘条件、饲料状况、养殖人员的技术水平等多方面因素来综合确定。如要获得70～100克的鱼种，则每亩水面可放养夏花鱼种5 000～8 000尾。要获得50克左右的鱼种，则每亩水面可放养夏花鱼种1万尾左右。要获得250～500克/尾的大规格鱼种，则每亩水面可放养上年度培育的50～100克/尾的1龄鱼种2 500～3 000尾。

4. 饲养管理

（1）以天然饵料为主，精饲料为辅的饲养管理　除浮游生物等天然饵料外，鱼种阶段投喂草鱼的饵料主要有芜萍、小浮萍、紫背浮萍、苦草、轮叶黑藻等水生植物及幼嫩的青草和青菜叶等；投喂青鱼的饵料主要有粉碎的螺蛳、蚬以及蚕蛹等动物性饲料。精饲料主要有饼粕、豆渣、米糠、麦类、玉米和酒糟等。总之，以适口的天然饵料为主、精饲料为辅，以利于鱼种生长、规格均匀为原则。

（2）以配合饲料为主的饲养管理　适用于以青鱼和草鱼主养对象的饲喂，坚持投喂高质量的配合饲料，配合饲料要适口，其粗蛋白质含量一般为35%～39%。训练鱼种上浮集中吃食，增加投料次数、延长投饲时间；根据水温和鱼体体重及时调整投饲量。投饲做到"四定"，即定时、定位、定质和定量（彩图21）。

（3）以施肥为主的饲养管理　以施肥为主，辅以精饲料。通常适用于以鲢和鳙为主的池塘饲养。施肥遵循少施、勤施的原则。夏花放养后天气炎热，施肥过多水质容易变坏造成缺氧死鱼事故。可每天或每2～3天施1次，全池泼洒。通常每次每亩水面可施腐熟发酵好的粪肥100～200千克，具体依水质、天气情况灵活掌握。

秋末冬初，水温降至10℃以下时，鱼种已不再摄食，则可进行拉网、并池。并池的目的是使不同种类与规格的鱼种分类合并，计数囤养，有利于运输与放养。将鱼种并池囤养在较深的池塘中，便于管理，不使鱼种减重。并池可掌握鱼种培养情况，便于总结与制订下年放养计划，还可腾出鱼种池，进行清整消毒，利于第二年继续养殖。并池应在水温 5～10℃的晴天进行。拉网的鱼种应在拉网前 3～5 天停食。拉网操作要细心，避免伤鱼。越冬池水深 2 米以上，背风向阳，面积 2～5 亩。通常体长为 10～13 厘米的鱼种每亩水面可囤养 5 万～6 万尾。

5. 日常管理

（1）每天早晚巡塘 2 次，观察水质变化和鱼的活动情况。如浮头时间过长，则加注新水解救。检查鱼的吃食情况，以确定投饲量。

（2）清除池边杂草、池中杂物，清洗食台，适时对食台和食场消毒，保持清洁卫生。

（3）适时注水，改善水质。通常每月注水 2～3 次，每次 5～10 厘米。有条件可配备增氧机（彩图 22 至彩图 24）。

（4）定期检查鱼的生长情况，如生长慢可以增加饲料；如个体大小不一，应及时拉网筛鱼，将不同规格的鱼种分池饲养，同规格的则放在一起饲养。

（5）做好防病、防逃、防洪等工作。

（6）做好池塘日志，便于总结与追溯。

第三节　池塘养殖

一、池塘养殖

（一）池塘条件

池塘所处位置交通便利、电力方便。要求水源充足，水质良好。面积以 10～15 亩为宜，水深 2.0～2.5 米，长方形，东西长、南北宽，长宽比为 5∶3，池坡比以 1.0∶2.5 为好，池塘四周最好没有高大的树木，水面日照时间长，池塘池埂最好硬化处理。底质为壤土或沙壤土，黏土次之；池底平坦，最好为"龟背形"或"倾斜形"，保水性好，不渗漏，且便于收获时排干池水。

（二）池塘改造与清整消毒

池塘改造是在上述池塘条件基础上，采取措施将小池改大池、浅池改深池、死水改活水、低埂改高埂、狭埂改宽埂。池塘清整是将底部沉积的大量淤泥进行清理。清理好的池塘在注入新水时采用密网过滤，防止野杂鱼或敌害生物进入池塘。盐碱地池塘改造主要是引淡水排碱、早开挖，将池中盐碱水排出，施足有机肥或绿肥，经常加注淡水，排出底层咸水；保持高水位压盐（水位高于外围内河）。清池消毒忌用生石灰。所有鱼池经清整后须进行清池消毒，方法类同鱼苗池和鱼种池。

（三）鱼种放养

提早放养鱼种是争取高产的措施之一。长江流域一般在春节前投放完毕。东北和华北可在解冻后，水温 5～6℃ 时投放鱼种，也可在秋天放养。鱼种放养应在晴天进行。低温时，鱼种活动能力弱，容易捕捞，操作时不易受伤，能有效减少发病与死亡。尽可能使鱼早开口摄食，延长生长期。

1. 混养

池塘混养是实现高产的有效措施之一。四大家鱼在水体的分布水层不同，混养的好处是可以按照不同鱼类的生态习性做到立体养鱼，使池塘上层、中层和下层水体都有鱼类分布，提高水体利用率。混养可以充分利用饵料与饲料资源，达到高产高效的目的。一般鲢和鳙多分布于水体中上层；草鱼和青鱼分布于水体中层，鲤、鲫、团头鲂等分布于水体底层。混养使鱼类之间达到协同互利。如吃食性的草鱼、青鱼等的粪便可以肥水，培育浮游生物和大量腐屑供鲢、鳙滤食，变废为宝。鲢、鳙在水体滤食浮游生物，其食物链最短，可以不投饲，还可以改良水质，为草鱼、青鱼提供较好的生长环境，因此鲢、鳙为典型的环保鱼、节能鱼和生态鱼。混养不仅使成鱼高产，还可搭养夏花使第二年鱼种得到部分保障。

2. 放养密度的确定

根据市场需求、饲料来源、肥料情况、池塘条件和鱼种来源等因素来确定主养与搭养鱼类。中国地域辽阔，各地自然条件、养殖对象以及饲料和肥料来源等都有较大差异。各地因地制宜，总结出了适合当地特点的一些养殖模式。

（1）以草鱼为主养鱼的混养类型 此种混养模式主要给草鱼投喂草类，利用其粪便肥水养殖鲢和鳙，其放养与收获模式见表3-8。青饲料主要为池埂种植的苏丹草、黑麦草或蔬菜叶等。也可以投喂配合饲料，要求粗蛋白含量达28%，或者两者结合使用。

表3-8 以草鱼为主养鱼每亩净产500千克左右的放养与收获模式（上海）

鱼类	放养			成活率（%）	收获		
	规格（克）	尾	重量（千克）		规格（克）	毛产量（千克）	净产量（千克）
草鱼	500～750	65	40	95	≥2 000	106	111.5
	100～150	90	11	85	500～750	45	
	10	150	1.5	70	100～150	13	
团头鲂	50～100	300	22	90	≥250	68	66
	10～15	500	6	70	50～100	26	
鲢	100～150	300	33	95	≥750	170	171.5
	夏花	400	0.5	80	100～150	35	
鳙	100～150	100	13	95	≥1 000	57	59
	夏花	150		80	100～150	15	
异育银鲫	25～50	500	20.5	90	≥200	100	92
	夏花	1 500	1.5	60	25～50	14	
总计		149				649	500

注：1. 以投草类为主，全年投草6 000千克，春秋施有机肥，并投精料1 000千克。

2. 在7—10月轮捕2～3次，将达到上市规格的草鱼、鲢和鳙收获上市。

（2）以鲢、鳙为主养鱼的混养类型 以滤食性鱼类鲢、鳙为主养鱼，适当混养其他鱼类，特别是混养食腐屑的鱼类，如尼罗罗非鱼、银鲴等，其放养与收获模式见表 3-9。饲养中主要采用施有机肥的方法。该方法养殖周期短，有机肥来源方便，因此成本低，但优质鱼比例不高。湖南出现"鱼、猪、菜"三结合、江苏南京出现"鱼、禽、菜"三结合的综合养鱼趋势。该混养类型充分利用了废物，保持了生态平衡。

表 3-9　以鲢、鳙为主养鱼每亩净产 600 千克左右的放养与收获模式（湖南）

鱼类	放养			收获		
	规格 （克/尾）	数量 （尾）	重量 （千克）	规格 （千克/尾）	毛产量 （千克）	净产量 （千克）
鲢	200 50（5—8月）	300 350	60 17	0.8 0.2	235 62	220
鳙	200 50（5—8月）	100 120	20 6	0.8 0.2	78 23	75
草鱼	160	50	8	1.0	40	32
团头鲂	60	50	3	0.35	16	13
鲤	50	30	1.5	0.8	21.5	20
异育银鲫	25	200	5.0	0.25	45	40
银鲴	5	1 000	5.0	0.1	80	75
尼罗罗 非鱼	10	500	5.0	0.25	130	125
总计			130.5		730.5	600

注：先放 200 克/尾的鲢、鳙鱼种，轮捕达上市规格后，再放 50 克/尾的鲢、鳙鱼种，全年轮捕 6～7 次。

　　（3）以青鱼为主养鱼的混养类型　以青鱼为主养鱼的混养，其放养与收获模式见表 3-10。此种混养类型中青鱼主要投喂配合饲料，有条件的可补投螺、蚬类，利用其粪便饲养银鲫、鲢、鳙和团头鲂等。

表 3-10　以青鱼为主养鱼每亩净产 750 千克的放养与收获模式

鱼类	放养			收获		
	规格 （千克/尾）	数量 （尾）	重量 （千克）	规格 （千克/尾）	毛产量 （千克）	净产量 （千克）
青鱼	1.0～1.5	80	100	4～5	360	355.5
	0.25～0.50	90	35	1.0～1.5	100	
	0.025	180	4.5	0.25～0.50	35	
鲢	0.05～0.10	200	15	≥1.0	200	185
鳙	0.05～0.10	50	4	≥1.0	50	46
异育银鲫	0.05	500	25	≥0.25	125	124
	夏花	1 000	1	0.05	25	
团头鲂	0.025	80	2	≥0.35	26	24
草鱼	0.25	10	2.5	2	18	15.5
合计			189		939	750

（4）以鲮、鳙为主养鱼的混养类型　此类型为珠江三角洲普遍采用的养鱼方式，其放养与收获模式见表 3-11。其特点如下：鱼产品要求均衡上市，鳙要求规格和数量大，采用多级轮养。鳙一年放养 4～6 次，鲢在鳙收获时，捕出 1 千克/尾以上个体，补相同数量的鲢鱼种。鲮放养分三档，依次分期捕出。投饵与施有机肥并重。养鱼与池埂种桑树、甘蔗或花卉相结合。蚕粪是养鱼的优质肥料，蚕蛹是鱼的动物性饲料之一，甘蔗叶为草鱼的青饲料。池塘淤泥为桑树、甘蔗或花卉的优质肥料。这种综合模式使种养相互依存、相互促进，提高了经济、社会与生态效益。

表 3-11　以鲮、鳙为主养鱼每亩净产 750 千克的放养与收获模式（广东）

鱼类	放养			收获		
	规格 （克/尾）	数量 （尾）	重量 （千克）	规格 （千克/尾）	毛产量 （千克）	净产量 （千克）
鲮	50	800	48	≥0.125	360	276
	25.5	800	24			
	15	800	12			

（续）

鱼类	放养			收获		
	规格（克/尾）	数量（尾）	重量（千克）	规格（千克/尾）	毛产量（千克）	净产量（千克）
鳊	500 100	40×5（次） 40	100 4	≥1.0	226	122
鲢	50	60×2（次）	6	≥1.0	106	100
草鱼	500 40	100 200	60 8	≥1.25 ≥0.5	125 100	157
异育银鲫	50	100	5	≥0.4	40	35
尼罗罗非鱼	2	1 000	2	≥0.4	42	40
鲤	50	20	1	≥1.0	21	20
总计			270		1 020	750

（5）以鲤为主养鱼的混养类型　中国北方地区的消费者喜食鲤，多采用鲤为主的混养类型。其放养与收获模式见表 3-12。近年来已经搭配异育银鲫、团头鲂等种类，并加大鲢、鳊投放量。

表 3-12　以鲤为主养鱼每亩净产 750 千克的放养与收获模式

鱼类	放养			收获		
	规格（克/尾）	数量（尾）	重量（千克）	规格（千克/尾）	毛产量（千克）	净产量（千克）
鲤	100	650	65	0.75	440	375
鲢	40 夏花	150 200	6	0.7 0.04	101 6.5	101.5
鳊	50 夏花	30 50	1.5	≥0.75 0.05	22.5 2	23.5
总计			72.5		572	500

（四）饲养管理

（1）施基肥　与苗种池相同。肥水池施基肥要量少或不施。

（2）施追肥　追肥量不宜过多，以防止水质突变。追肥应遵循及时、均匀、量少次多的原则。

（3）施肥方法　按照有机肥料为主、无机肥料为辅，抓两头、带中间的原则。有机肥多在早春、晚秋施用。有机肥除了作为腐屑供鱼类摄食外，还可以培养大量微生物和浮游生物作为鱼类的饵料。在鱼类的主要生长季节，水中有效氮含量随投饵增加而增大，此时水中有效磷含量极度缺乏，必须及时施用无机磷肥来调整池塘中有机氮与有机磷之间的比例，促进池中浮游植物的生长，提高池塘生产力。有机肥料须经发酵腐熟，腐熟可以杀灭部分致病菌，不仅有利于卫生与防病，还可使大部分有机物通过发酵分解成大量中间产物，它们的耗氧以氧债形式存在。在晴天中午泼洒施肥，可以利用池水中上层饱和氧气及时偿还氧债，加速其分解，不影响鱼类的生长。

（4）投饲　量多质好的饲料，是四大家鱼高效养殖的重要保障。要做好全年投饲计划与不同月份的投饲量分配，还要确定每天的投饲量。吃食鱼按饲料系数与计划净产量来计算全年投饲量，两者的乘积为全年需要的投饲量。每天实际投饲量要根据水温、水色、天气和鱼类吃食情况来定。一般四大家鱼在水温10℃以上摄食。15℃以上，日精饲量占鱼总体重的0.6%～0.8%；20℃以上，日精饲量占鱼体重的1%～2%；25℃以上，日精饲量占鱼总体重的2.5%～3.0%；水温30℃以上，日精饲量占鱼总体重的3%～5%。水色以黄褐色或油绿色为好。当水色过浓、过黑时，要减少投饲量，天晴可多投，阴雨天少投，天气闷热停止投饲。坚持"四定"投饲原则。

（五）日常管理

每天早、中、晚三次巡塘。主要检查浮头情况、水色变化、鱼的活动与吃食情况。做好池塘清洁卫生，及时捞取杂草、污物、死鱼，做好防病工作。做好池水的注入和排放工作，并采取防逃、防洪和防旱措施。种好池边的青饲料植物。做好增氧机、投饵机、水泵等设备的维护与维修工作，并且做好池塘日志，便于管理与分析。

（六）水质管理

鱼儿离不开水，鱼生活在池塘水体中，水质的好坏直接决定了鱼类的健康状况。好水养好鱼。"养好一池鱼，要先管好一池水"，这是渔民的经验总结。水质管理包括以下要点。

（1）及时加注新水　加注新水会增加池塘的水深，从而增加鱼的活动空间，降低鱼的密度，大水（深水）养大鱼。蓄水量增加，水质也会更加稳定，能起到增加池水透明度和溶解氧的作用，同时也降低了藻类（特别是蓝藻、绿藻类）分泌物的浓度，有利于藻类的生长。

（2）防止鱼类浮头与泛塘，合理使用增氧机，也可在池塘底部铺设排气管进行微管充气。

（3）合理使用生石灰改良水质，或使用微生态制剂调水。

（4）采用池塘微流水方式，循环利用水。

（5）利用人工湿地和池塘生态浮床净化水质。

（6）适时翻动底泥，增加水体肥度，促进有益微生物的生长与繁殖。

（七）"八字精养法"

精养池塘是一个小生态系统。1958年中国水产科技工作者将复杂的养鱼生态系统进行简化和提炼，形成"水、种、饵、混、密、轮、防、管"的"八字精养法"。它们之间既有各自的特殊性，又相互联系、相互制约，形成一个对立统一的有机整体。水是鱼的必需条件，鱼儿离不开水；种是养殖的物质基础，好的种质不仅可节省饲料成本，也是高产的关键因素之一。饵的好坏直接关系到鱼的生长和健康，最终影响到鱼的产量与效益；营养全面、平衡且适口是好饵料的标志之一。"水、种、饵"是第一层次；"混、密、轮"是第二层次，是技术措施；"防、管"是第三层次，是养鱼高产、高效的根本保证。只有这八个方面做好了，养鱼才能实现稳产和高产。

二、池塘工程化循环水环保养殖技术

中国渔业已经转为坚持"生态优先""以养为主"的发展方针，建设生态良好、生产发展、装备先进、产品优质、渔民增收、平安和谐的良好格局已成为现代渔业发展的重要方向。几十年来，池塘养殖一直处于快速发展阶段，但往往是片面地追逐养殖产量，产生了诸多问题：水质监控、设施配套、卫生管理等关键技术水平低下，集成体系建设薄弱，养殖废水无序排放；养殖清洁生产意识淡薄，传统养殖操作方式普遍存在，成活率和养殖效益下降，抗风险能力弱；水产养殖模式仍以劳动力密集型为主，缺乏现代渔业机械化设施装备。这些不利因素严重制约了池塘养殖业的可持续健康发展。

传统池塘养殖是以"进水渠＋养殖池塘＋排水渠"或"进、排水渠＋养殖池塘"的形式为主，其本质上是"资源—产品—废弃物"的开放型物质流动模式，生产的产品越多，消耗的资源越多，产生的废弃物也就越多，对环境的负面影响越大。池塘工程化循环水养殖则是在"资源—产品—再生资源"循环型物质流动模式理念的指导下，以尽可能少的资源消耗和环境成本，获得尽可能多的经济和生态效益，使经济系统与自然生态系统的物质循环过程相互协调，促进资源的可持续利用。池塘循环水养殖技术是对传统池塘养殖模式的根本性变革。

近年来，在水质净化系统和生态养殖模式等研究基础上，建立了基于池塘工程化分区养殖的循环水环保养殖系统，取得了较好的养殖效果。针对集约化养殖池塘设施装备落后的现状，以水产养殖业绿色发展为目标，以节地、绿色、高效等为目的，设置集中养殖区、污水沉淀区、净水区等，在池塘构筑砖混结构、不锈钢结构的集中式养殖水槽（规格 20 米×4 米×2.2 米），养殖水槽的建设占池塘总面积的 2.0%～2.5%，建立池塘工程化循环水环保养殖系统（彩图 25 至彩图 27）。示意图见图 3-11。

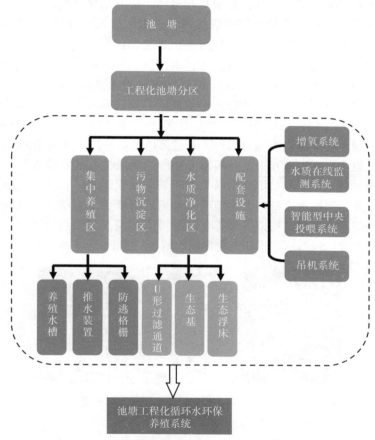

图 3-11　池塘工程化循环水环保养殖系统技术路线图

　　池塘工程化循环水环保养殖是一种新兴的养殖模式，就目前而言，仍然需要从众多方面进行研究，不断完善，以期达到高效利用的目的。

（一）养殖水槽设施装备技术

　　研究高密度养殖水槽污物沉积状态，开发气-水混合定向流推水高效增氧设备、高溶解氧垂直分流控制工艺，形成水槽前、中、后垂直剖面的养殖水体溶解氧均衡分布，使养殖鱼类均匀分布于养殖水槽中，解决养殖水槽内鱼类因"逆水"出现"扎堆"，进而造成鱼体受机械损伤的问题，还可使沉积物迅速排出水槽，保障水槽内养殖鱼类的健康生长。安装水体溶解氧预警预报系统，配置纯氧增氧系统，当溶解氧低于 5.0 毫克/升时，电磁阀自行启动，实现在线控制水体溶解氧。根据产品品质提升所需养殖条件（水体透明度 35 厘米以上、氨态氮低于 0.5 毫克/升、亚硝酸氮低于 0.1 毫克/升、换水量 3 倍以上），设计 U 形过滤通道，采用生态基及微电材料，以生物、物理方法突破限制养殖产品品质提升的水体控制技术瓶颈，建立"瘦身"养殖技术工艺。采用无线遥控，设计、安装自动称量吊网捕鱼系统，大大节约劳动力并降低劳动强度。上述配套养殖技术可根据池塘条件和养殖品种等实际情况灵活组合运用，养殖系统整体构造示意图和工程案例如图 3-12 和图 3-13 所示。

图 3-12　池塘工程化循环水环保养殖系统

图 3-13　池塘工程化循环水环保养殖系统运行图

（二）污物沉淀池塘生物控制技术

根据生态学原理，在平衡的水域生态系统中，选择合适的养殖品种，科学地进行品种搭配，进行新模式下鱼类的混养，充分利用不同种类水生动物的生活习性。对混养品种的数量、规格进行最佳配比，基于混养种类的生态、营养需求，改进和完善养殖技术，促使养殖模式进一步升级，提高养殖产量和产品品质。

（三）净水池塘生态修复技术

针对高产养殖池塘水体排放物污染重和养殖环境调控困难等状况，基于该养殖类型和养殖模式的特点，进一步提升池塘水体的净化能力。利用生态基、微电解材料，开展池塘水体土著微生物固定化培养、水环境改善和底质改良等研究，建立适合的原位环境调控与生态修复技术。

（四）高产池塘养殖产品品质提升设施装备技术模式

通过养殖设施装备技术研究，探明设施装备技术参数，优化养殖模式，解决传统养殖管理可控性低、产品品质存在安全隐患等问题，形成先进设施装备与新型养殖技术工艺，实现养殖设施装备标准化、机械化、自动化，提高生产效率，构建高产池塘鱼类品质提升设施装备技术模式，并进行应用示范。

（五）日常管理

①必须保证电力供给，保障增氧系统正常运行；②定期检查气-水混合定向流推水高效增氧设备中的曝气管出气情况；③定期维护鼓风机；④定期检查水槽两侧防逃网是否破损；⑤选择大规格鱼种进行养殖，以提高养殖系统的运行效率；⑥适当调整投喂方案，延长投喂时间或增加投喂次数，如养殖草鱼，建议每天投喂4次。

第四节　大水面增养殖

大水面增养殖泛指天然水域鱼类的增养殖，包括内陆水域的湖泊、水库和江河等天然水体的增养殖，养殖方式有粗放式和集约式。当前，中国把生态文明建设提到了前所未有的高度，"绿水青山就是金山银山"的绿色发展理念已经深入人心。天然水域更加关注水环境保护，净水渔业、保水渔业已经成为水产养殖业绿色发展的重要方向。

湖泊和水库增养殖

（一）合理放养

在湖泊、水库进行粗放式鱼类养殖时，其个体生长及群体生产量全部或主要依赖于水体中的天然饵料资源。养殖者必须根据水体自然条件，选择适当的放养对象，确定放养种类间的合理比例、合适的密度与规格。结合拦鱼防逃、控制凶猛鱼类、合理捕捞及天然鱼类资源的繁殖保护等措施，使大水面的鱼类在种类、数量、年龄等结构上与水体的饵料资源相适应，使水域生态系统中各营养级上的饵料资源能合理、高效地转化为鱼类，并充分利用好水体的空间与时间，发挥好水体的生产潜力。

放养的形式可分为周期性的定期放养和适时补充放养。周期性的定期放养是指一些不能在大水面水体中自然繁殖的种类的放养；适时补充放养主要是指一些能在大水面中自然繁殖，但种群数量不足，需适时补充种类的放养。四大家鱼在大江河水体中可以自然繁殖，但在湖泊、水库中不能繁殖，必须定期放养。

（二）放养技术

1. 放养面积的确定

在中国，用于进行养鱼的湖泊多为中小型湖泊，水深一般不超过 5 米，湖底较平坦，倾斜角度小，水位比较稳定，由水位波动引起的面积变化很小，因此面积比较稳定。而水库则不同，水位是经常变动的，变动情况与所在流域汛期特点、径流大小及水库的防洪、灌溉、发电和供水等功能有关。必须根据水库的特点找出合理的养鱼面积计算方法。目前使用的计算方法有两种。

（1）根据水文观测资料，统计出 5 年以上水库水位多年平均值，以此平均值相应的水库面积作为水库养鱼面积。统计各年的平均水位时，可以全年各月的平均水位为基础，也可以 5—10 月鱼类主要生长期的各月平均水位为基础。

（2）根据水库设计的主要功能，确定一个最常出现的水位作为核定养鱼水位，与其相对应的水库面积作为水库养鱼面积。核定养鱼水位的确定有两种方法：

养鱼水位＝（正常蓄水位－死水位）× 2/3 ＋死水位

或者　养鱼水位＝（正常蓄水位－死水位）× 1/2 ＋死水位

第一种以水库运行的实际情况为基础，较为准确，但需要系统的水文观测资料作为基础。第二种比较接近实际情况，但可能有较大误差。

2. 养殖鱼类的确定

为了合理高效地利用水体空间和饵料资源，充分发挥水体的生产潜力，应尽可能让不同生活习性、不同食性的经济鱼类分别占有各自的生态小生境。这就需要将不同鱼类进行混养，以维持水体生态系统平衡，达到经济、社会和生态效益协调发展，最终实现综合效益好的目标。目前，在中国的湖泊和水库放养的鱼类主要有鲢、鳙、草鱼、青鱼、团头鲂、鲤、鲫等。它们在水体中占据不同的水层，能够利用不同的饵料，在种间关系上趋于互补，而非直接竞争。

3. 搭配比例的确定

中国大多数湖泊和水库浮游生物种类较多，生物量较高，增殖力强，腐屑和细菌也有一定数量和丰富的来源，适宜于滤食性鲢和鳙的增养殖。鲢、鳙食物链短，作为主要养殖对象，可以减少能量转换级数，提高能量转化效率，从而获得高产。鲢、鳙体型大，生长快，苗种来源容易，且易于捕捞，为中国特有的传统经济鱼类。中国绝大多数湖泊、水库都以鲢和鳙为主要养殖对象，一般可占总放养量的60%～80%，产量也占绝对优势。鲢和鳙在湖泊、水库中滤食浮游生物还可以起到调节水体透明度、改良水质的作用。尤其是对于夏天蓝藻暴发的水体，鲢可吃掉部分蓝藻，控制其暴发。对于投放鲢、鳙的比例，湖泊、水库中一般鳙的比例要高于鲢。一般中营养向富营养化过渡的水体中，鲢、鳙投放比例大致以3∶7或者4∶6为好，这样鲢、鳙都能较好地生长，产量也较高。在藻型湖（库）中放养鲢、鳙时，还应兼放团头鲂、草鱼、鲤和鲫等鱼类，这几种鱼类可占总放养量的20%左右。具体每种鱼放多少要依据饵料种类、数量，增殖能力的高低，放养后鱼类的生长速度等指标来确定和调整。草型湖和平原型水库，水生植被茂盛，底栖动物丰富，浮游生物较少，则可以增加草食性鱼类、底栖动物食性鱼类和杂食性鱼类的比例，这些鱼类的放养量可占总放养量的40%左右。

放养密度指的是单位面积所投放鱼种的数量。合理的密度是指放养鱼类种群对天然饵料的利用程度尽可能地与水体饵料供给能力相匹配，使鱼类能最大限度地利用饵料资源，而又不至于损害天然饵料资源的再生产。这样，水体的生产潜能才能充分发挥，获得较高的产量。密度的确定理论上可根据饵料资源的供给能力计算相应食性鱼类的投放量，但是在生产实践上往往很难做到，需要根据放养鱼类的生长情况进行调整，以找到相对适宜的放养密度。通常根据经济效益、生产周期、鱼类生长特性等综合考虑，即经验调整法。较短的养殖周期可利用低龄鱼的生长优势而获得较高的增重率和群体产量。以鲢、鳙为主养鱼的高产湖泊、水库，其养殖方式特点是鱼种投放量大、起捕规格小、养殖周期短、捕捞强度大、鱼产量高。长江流域及以南地区，一般以一年生产周期为主，两年为辅。

湖泊、水库放养比例的参考指标见表3-13和表3-14。

表 3-13　湖泊放养和预计产量参考指标

放养种类及比例	水体面积								
	小型（≤67公顷）			中型（67~667公顷）			大型（≥667公顷）		
	富营养型	中营养型	贫营养型	富营养型	中营养型	贫营养型	富营养型	中营养型	贫营养型
鳙（%）	40	35	35	50	45	40	40	45	40
鲢（%）	40	35	30	30	25	20	30	25	20
草鱼、团头鲂、青鱼、鲤等（%）	20	30	35	20	30	40	30	30	40
密度（尾/亩）	200~100			120~60			50~30		
预计产量（千克/亩）	75~25			40~15			15~5		

表 3-14　水库放养和预计产量参考指标

放养种类及比例	水体面积								
	中型（7~67公顷）			大型（67~667公顷）			巨型（≥667公顷）		
	富营养型	中营养型	贫营养型	富营养型	中营养型	贫营养型	富营养型	中营养型	贫营养型
鳙（%）	45	50	40	50	55	40	55	55	10
鲢（%）	40	30	20	35	25	20	20	15	20
草鱼、团头鲂、鲤等（%）	15	20	40	15	20	40	25	30	70
密度（尾/亩）	200~100			100~50			50~30		
预计产量（千克/亩）	50~30			30~15			15~5		

4. 放养季节与地点

在冬季或秋季放养效果较好。冬季放养的优点包括：水温低、鱼活动能力弱，便于鱼种的捕捞与运输，损伤少，成活率高；由于此时大水面中凶猛鱼类摄食减少或停食，对放养鱼种的伤害也相对较少；鱼种可以提早适应大水体环境，延长了生长期；冬季水位低，鱼种外逃机会减少，从而也减少了鱼种越冬的人力和物力需要。放养地点应远离进出水口和溢洪道，应选择避风向阳、饵料丰富、水深适宜的多个地点分散投放，避免鱼种遭受凶猛鱼类围攻。

5. 大水面增养殖方式

湖泊、水库增殖方式有两种，一种是水体内现有经济鱼虾类的保护与增殖；另一种为向水体移殖优良经济鱼虾蟹等。通常两种方式结合使用。第一种方式是保护其产卵场，包括其繁殖依附的天然水草，在繁殖期与幼苗生长期实行禁捕，并直接向水体投放优良经济鱼类鱼种，在湖湾、库汊拦网定向培育。第二种方式应充分考虑当地气候、水体现有资源、移殖对象与现有鱼类是否冲突，以及是否影响当地资源等。

养殖方式除了鱼类混养外，还有鱼牧结合、鱼禽结合、鱼虾结合、鱼蟹结合以及鱼鳖结合等多种类型。因地因水制宜，合理利用水体空间与饵料资源，保证水体生态平衡和良性循环。大水面以增养殖鱼类为主，除了天然鱼类资源增殖外，也可人工投放鱼种或移殖其他优良养殖种类，增殖底栖动物，种植水生经济植物或水草，或在水面上设置生物浮床并种植水稻、花草和蔬菜等改善水质，进行综合利用。

6. 生产管理

湖泊、水库增养殖中良好的生产管理是获得高产、稳产和高效的重要保证，主要包括凶猛鱼类的控制、防洪、防逃、防盗及捕捞管理等环节。

（1）凶猛鱼类的控制 在自然种群为主的大型水域，凶猛鱼类可以起到维持生态平衡的作用。通过摄食经济价值低的小杂鱼、淘汰经济鱼类种群中的病弱个体，进而起到优化种群结构和稳定种群结构的作用。另外，通常凶猛鱼类具有较高的经济价值，能够将部分经济价值低的鱼转化为高价值的鱼产品。在人工放养为主的水体中，凶猛鱼类对放养鱼种的危害主要是其捕食鱼种使得鱼种成活率不高。通常采取控制与利用相结合、趋利避害的措施，即放养较大规格的鱼种、控制凶猛鱼类的种群数量、清除大规格凶猛鱼类，将其捕食压力转向小杂鱼。凶猛鱼类按其生态习性可分为掠食型和寄生型两大类。

①掠食型 可分为表层型与底层型。表层掠食型鱼类在水体表

层活动，行动迅速，主要通过追逐其他鱼类进行捕食。常见的有鳡、鲌类和马口鱼等。鳡与鲢、鳙的生活水层相同，其掠食性强，可掠食自身体长 30% 左右的鱼个体。鳡在静水条件下无法繁殖，湖泊中也较少。鲌类中危害较大的主要是翘嘴鲌和蒙古鲌，青梢红鲌和红鳍鲌由于个体较小，捕食对象通常为小杂鱼及虾类、昆虫等，危害较小。翘嘴鲌在湖泊和水库中资源量较为丰富，生活在水体的中上层，行动迅猛，生长速度快，最大个体可达 10～15 千克，常见个体为 2～3 千克，成鱼主要掠食上层小型鱼类。全长 29.5 厘米、体重 25 克的翘嘴鲌可掠食 6.6 厘米的鳙鱼种，全长 50 厘米以上的翘嘴鲌可掠食 13.3 厘米的鳙个体。蒙古鲌分布范围广，最大个体可达 4 千克，体重 0.25～0.50 千克的个体最为常见。其食性与翘嘴鲌相似，活动空间与翘嘴鲌有所不同，常栖息于湖泊水体的中下层，经常到岸边水体觅食，食物以底层和沿岸活动的小杂鱼和虾类为主，通常全长 31 厘米以上的个体可食 6.6 厘米的鳙个体。翘嘴鲌和蒙古鲌摄食频率很高，可全年持续摄食，即使在冬季与生殖季节也摄食，在湖泊、水库可以自然繁殖，大水体里种群规模较大。马口鱼为小型凶猛鱼类，体型较小，口裂大，主要以其他幼鱼和无脊椎动物为食，常栖息于砂石底质的溪流中，多见于小型水库中。

底层掠食型鱼类营底栖生活，为守候伏击式捕食方式，代表性鱼类主要有乌鳢、南方大口鲇和翘嘴鳜等。乌鳢通常生活在水草丛生的浅水地带，在水干枯时钻入淤泥，其鳃上有辅助呼吸器官，耐低氧，常常以小鱼、小虾和昆虫幼虫等为食。乌鳢摄食频率较低，食物中小杂鱼占到约 50%。南方大口鲇白天常栖息在水草丛生的底层，在夜间游至浅水处觅食，以摄食小型鱼类、虾类及小型昆虫为主，但体重 0.15～0.2 千克的个体就可以吞食全长 10 厘米的鱼苗。翘嘴鳜生性凶猛，在鱼苗期就主动摄食其他种类的鱼苗，摄食频率高，在越冬期也不完全停食，主要捕食鲫、鲴等小型鱼类以及虾类。

②寄生型　代表种为七鳃鳗。中国有三种七鳃鳗，分布范围较小，在北方少数水域有分布，危害也较小。

控制凶猛鱼类的措施主要有季节性重点捕捞和常年除害。在凶猛鱼类的繁殖季节，采取捕捞产卵群体或者破坏其产卵条件的方法，效果良好。

（2）捕捞管理　养殖者往往希望在养殖效益最佳时捕捞，那么什么时候捕捞最为合适呢？依据鱼类的生长规律，应在其生长率最大时进行捕捞；而生产上则要求养殖周期短，周转快，达到商品规格时捕捞即可；从水产品的质量来看，捕捞时鱼要有较好的肥满度。因此，应综合考虑，科学制定合适的捕捞规格。一般养殖的四大家鱼在 2～3 龄体长增长最快，在 3～4 龄体重增长最显著。鲢、鳙上市规格要求至少达到 1 千克，可采取投放大规格鱼种、一年多次捕捞、分批上市的方法，这样不仅有利于调整放养密度，而且可以充分利用水体的生产潜力。坚持常年采取多种方法，控制凶猛鱼和野杂鱼，保护经济鱼类。湖泊多采用"赶、拦、刺、围"的方法进行捕捞，水库则多采用"赶、拦、刺、张"的联合作业方法。先在深水区设置好张网或围网，然后在上游用赶网进行赶鱼，过后再用拦网进行拦截，依次向前进行赶鱼、拦鱼作业，到集鱼区再用刺网集中捕鱼，用张网或围网起鱼作业。

第五节　网箱养殖

网箱养殖就是在自然水域中利用合成材料网片或金属网片等装配成一定形状的箱体，将鱼类高密度养在箱体中，借助箱内外的水交换维持鱼类的生长环境，利用天然饵料或人工饲料培育鱼种或饲养食用鱼。网箱养鱼最初是柬埔寨等东南亚国家的传统养鱼法，后逐渐在世界各地推广开来。中国网箱养鱼自 1973 年开始在大水面利用天然饵料培育鲢、鳙大规格鱼种，随后鲢、鳙成鱼养殖也获得成功，此后网箱养殖尼罗罗非鱼、鲤、草鱼和团头鲂等都也取得了良好的成效，网箱养鱼面积与产量均大幅增加。

在中国淡水水域，网箱养殖四大家鱼主要有两种方式，一是在大水面利用浮游生物和有机碎屑等天然饵料在网箱中培育大规格鲢、鳙鱼种，一般每平方米产量达 3.3～6.7 千克；二是在水质肥沃的大水面利用天然饵料饲养鲢、鳙成鱼，或利用草型湖、河中的丰富水草来饲养网箱中的草食性鱼类。网箱饲养鲢、鳙成鱼，一般每平方米产量可达 4.9～7.7 千克；草食性鱼类一般每平方米产量达 6.7～9.9 千克。大水面网箱养鱼面积总体上不超过水体总面积的 1/200 为宜，以保护水体生态环境、维护水体生态系统平衡，从而实现可持续发展的目的。

一、网箱结构与材料

　　网箱一般由箱架、箱体、浮子、沉子及固定装置等装配而成。箱架支撑箱体，材料有毛竹、木材和钢管等，可充当浮子。由网线编织成网片（或网衣），再缝制成不同形状和规格的墙网、底网等。通常由四周的墙网、底网、盖网缝合成封闭的箱体，也有不加盖网的敞口网箱。网线材料有尼龙线（锦纶）、聚乙烯线（乙纶）、聚丙烯线（丙纶）等几种合成纤维。应用最广的为聚乙烯线，聚乙烯线强度大、耐腐、耐低温、吸水少、价格便宜。尼龙线强度大、柔软，但成本高、易附污物，不易洗刷。浮子和沉子使网箱在水体中充分展开，浮子普遍是塑料浮子，有泡沫塑料浮子和硬质吹塑塑料浮子。一般选用直径 8～13 厘米的泡沫塑料浮子。沉子一般采用瓷质沉子，一个重量在 50～250 克，铅、混凝土块、卵石和钢管等都可用作沉子。

二、网箱制作

　　网箱有长方形、正方形、多边形和圆形等多种形状，以长方形或正方形最为多见。通常大型网箱面积 60～100 米²，中型网箱面积 30 米² 左右，小型网箱面积 15 米² 以下。相同水域，较小的网箱生产能力比大型网箱大，因网箱内单位体积占有的水体交换面积减小，鲢、鳙与接受饵料的面积减小。长方形网箱，箱体长而狭，受风和水流作用越大，水的更新能力更强。但小网箱单位面积造价较高。各地应根据实际情况选定网箱形状。

水库中养殖鲢、鳙的网箱墙网高度以 2～4 米为宜，湖泊以1.5～2.0 米为宜。网目大小以不逃鱼、节省材料、箱内外水体交换率高为原则。如网箱养鲢、鳙育成夏花，材料宜用 100 目/厘米^{2}的聚乙烯网布；囤养夏花材料宜用 6～8 目/厘米^{2}的聚乙烯网布。随鱼种长大，改用较大的网目，做到分级养殖。

三、网箱设置

网箱设置方式应从水体条件、培育对象、操作管理和经济效益等方面综合考虑。网箱应相对集中在一个区域，保持一定的间距，不影响水体交换和鱼类生长，便于管理。网箱的排列尽可能使每只箱迎水流方向，以利于箱内外水体交换。其固定方式有浮动式、固定式和沉下式三种。浮动式随着水位变化而自动升降，使其箱体内水体体积不随水位的变化而变化。浮动式网箱又可分为封闭框架浮动式、封闭柔软浮动式和敞口框架浮动式等。浮动式有单箱单锚（或双锚）固定法和串联固定法两种。单锚固定的网箱可随水位、风向和流向变化而自动漂动与转向，但抗风浪能力小。串联固定法则是由多个网箱（一般为 4～6 个）以一定间距串联成一行，两端抛锚固定。网箱间距为 3～10 米，行间距离在 50 米以上。固定式网箱固定在四周的桩上，桩上装有铁环或滑轮，与网箱上下四个角相连接。调节铁环位置或滑轮上的绳子可使网箱随之升降到需要的高度。网箱大多为敞口式，适用于浅水水位稳定的湖泊或河沟。其成本低、操作简单、管理方便、抗风力强。沉下式是整个网箱全部浸入水中，水位变化不对容积造成影响，网衣上附着生物较少，但投饵与管理不便，适用于我国北方苗种或成鱼越冬。

四、网箱养鱼技术要点

(一) 网箱饲养滤食性鱼类

利用天然饵料进行网箱饲养鲢、鳙鱼种和成鱼是中国网箱养鱼的一大特色，它不破坏水体生态环境、不投饲，且能高效利用水体天然饵料，改良与净化水质、减少水体富营养化，维持水域生态平衡，对水环境保护起到促进作用。其投资小，效益高，便于管理，在生态文明建设与乡村振兴战略中理应发挥一定的作用。

大水面水体中浮游生物的丰富程度决定了网箱饲养鲢、鳙的养殖效果。在浮游植物数量达 160 万个/升以上、浮游动物达 2 000 个/升以上的富营养水体，投放夏花 200～600 尾/米^2，经 60～80 天培育，鱼种可达 10～13 厘米，可生产鱼种 200～500 尾/米^2。一般在中营养水体中，投放夏花 100～200 尾/米^2。网箱饲养滤食性鱼类，应根据天然饵料的丰度、出箱规格和养殖技术水平等确定放养密度，采用封闭式网箱，以防鱼跳跃逃跑。

网箱设置地点要求水流畅通、水质清新、溶解氧丰富、流速在 0.05～0.20 米/秒。网箱布局合理，应经常清洗网衣，以保持良好的过水能力。在下水前检查网箱，确保无漏洞，为使网衣柔顺，以免擦伤鱼体，应在鱼种入箱前 3～5 天将网箱下水安装好。选择晴天、低温、无风的天气进行运输和进箱。进箱的鱼种规格要求一致。

(二) 网箱饲养草食性鱼类

网箱养草食性鱼类主要是养草鱼，属于低投入、"节粮型"养殖方法，具良好的生态、经济与社会效益，应用前景广阔。

1. 网箱的结构与设置

在水位相对稳定的湖泊一般采用固定式网箱；在水位不稳定、变化较大的水库、河道等，常采用浮动式网箱。网箱均为敞口式，便于投草料，四周墙网应高出水面，以防鱼跳出。箱体面积较多的为 66 米²、100 米² 和 130 米² 等。最普遍采用的规格为 10 米×6.6 米×3 米，墙网 3 米，水下 2 米，水上 1 米。在箱体的底部缝一饵料兜，作为食台。其大小为 7.0 米×6.6 米，可用密网布或编织袋布缝成。网箱网线一般为聚乙烯线。草鱼喜欢清水，应在避风向阳、微流水、水质清新的地方架设网箱。水位保持在 3 米以上。网箱布置要有适当的间距，一般箱距 10~20 米，行距 20~30 米。行间网箱应交叉排列。鱼种入箱前 7~10 天将网箱下水安装好。应该使鱼种在水温升到 10~15℃ 时尽快入箱。

2. 放养密度

经免疫后的草鱼，成活率一般为 60%，高的达 70%~80%。网箱单养草鱼时，可搭养少量鲢、鳙（≤10%）和鲤，使其充分利用饲料。放养规格以当年能达到上市规格而定。通常放养草鱼鱼种为 100~150 克/尾，到年底时草鱼可达 1.0~1.5 千克/尾。混养的鲤鱼种应大于 50 克/尾。放养密度与预期产量、饲料供应情况等密切相关，投放上述规格的草鱼鱼种密度为 1.0~1.5 千克/米²，预计产量为 9~12 千克/米²，群体增重倍数为 8~9 倍。

3. 饲养管理

草食性鱼类饲料以水草和陆草为主，辅以饼类等精饲料或配合饲料。春秋季节常用草料或精料。青绿饲料和饼类等精料要适当搭配使用，两者重量比按（10~20）∶1 为宜。入箱初期将青料与精料混合打浆后投喂，草料须用 0.1% 漂白粉溶液淋洗消毒。精料要投在箱内食台上。日投饵量，草料为 20%~30%，精料为 2%~4%。水温低的月份，一天投 2 次，上午投草料 1 次，下午投精料 1 次；7—9 月为生长旺季，一天投喂 3 次，1 次草料，2 次精料，第 3 次在傍晚投喂精料。要注意做好鱼病防治工作，如入箱前浸泡鱼种进行消毒和注射疫苗。在箱体周边定期泼洒生石灰水或用漂白粉挂袋。在鱼病流行季节，通过药饵投喂来预防鱼病。

第六节 病害防治

四大家鱼养殖过程中疾病防控主要采取预防为主的原则。其原因主要有以下三个方面：一是四大家鱼在水中的活动情况不易被观察到，一旦能观察到疾病发生，通常都已经比较严重，治疗比较困难；二是四大家鱼疾病主要是通过内服药进行治疗，而鱼发病后，摄食能力减弱或者不吃食，治疗药物难以足量地进入患病鱼体；三是大面积的湖泊、水库等难以用药。因此，只有贯彻"防治结合、预防为主"的方针，采取"无病先防、有病早治"的防治方法，才能做到减少或避免疾病的发生。

对四大家鱼的疾病防控主要有生态防控、药物防控和免疫防控三种途径。生态防控就是通过采用各种生态养殖措施，达到减少四大家鱼疾病发生的目的。药物防控在过去相当长时间内是中国水产养殖病害防控的主要手段，其主要是通过体内、体外给药杀灭病原，起到预防和治疗疾病的目的。免疫防控则主要是指对水产养殖动物接种疫苗，预防特定疾病（彩图28、彩图29和彩图30）。在"提质增效、减量增收、绿色发展、富裕渔民"渔业发展目标的指引下，药物防控疾病的途径由于存在影响养殖动物的品质以及对养殖环境造成药物污染的问题，势必被免疫防控和生态防控所替代，因此，生态防控与免疫防控技术将成为保障水产养殖健康，保护水环境和人类健康的重要手段。

作为符合环境友好和可持续发展战略的病害防控措施，免疫防控已成为21世纪水产动物疾病防控技术研究与开发的主要方向。在鱼用疫苗相对成熟的国家，如挪威、日本、美国、加拿大和智利等，超过30个以上的商品化疫苗已在养殖生产中得到广泛应用。目前已商品化的鱼类细菌病疫苗有弧菌病疫苗、溃疡病疫苗、耶尔森氏菌病疫苗、爱德华氏菌病疫苗、杀鲑气单胞菌病疫苗、冬季溃疡病疫苗和链球菌病疫苗等。多数商品化细菌病疫苗是灭活产品，只有极少数是重组蛋白。这些疫苗也被成功地接种于鲑科鱼类、鲷科鱼类和鲈形目鱼类等。疫苗接种途径主要是以多联形式腹腔注射于鱼体。相对于细菌病疫苗而言，国外注册的鱼类病毒病疫苗相对较少。目前，已商品化注册与应用的鱼类病毒病疫苗大多是灭活疫苗，如在日本推广使用的真鲷虹彩病毒（RSIV）病疫苗，在挪威和智利推广使用的传染性胰脏坏死症病毒（IPNV）疫苗等。第一个商品化的鱼类 DNA 疫苗是针对传染性肝胰脏坏死症病毒（IHNV）的，已在加拿大上市。在中国，鱼类疫苗的研发起步较晚，但发展较快。中国已获得国家新兽药证书的水产疫苗包括草鱼出血病细胞灭活疫苗，鱼嗜水气单胞菌败血症灭活疫苗，牙鲆溶藻弧菌、鳗弧菌、迟缓爱德华氏菌多联抗独特性抗体疫苗，草鱼出血病活疫苗，大菱鲆迟钝爱德华氏菌活疫苗，大菱鲆鳗弧菌基因工程活疫苗和鳜传染性脾肾坏死灭活疫苗。据不完全统计，中国水产疫苗研究种类已经达到 50 多种，涉及病原超过 30 种，数十种水产疫苗正处于实验室研究阶段或中间试验阶段，水产疫苗研发已成为未来病害防控的重要手段。

俗话说"养鱼先养水"，养殖环境的好坏对水产健康养殖十分重要。生态防控以保持良好的养殖环境为重点，通过对水质的调控，营造有利于养殖动物健康生长的环境。池塘生态环境改良主要包括生物改良技术和理化改良技术。生物改良技术研究的热点是微生态技术，主要是将能够分泌高活性消化酶、快速降解养殖废物的有益微生物菌株进行筛选、基因改良、培养、发酵后，直接添加到养殖系统中对养殖环境进行改良，市场上这类微生态制剂产品品目繁多，主要有光合细菌、芽孢杆菌、放线菌、蛭弧菌、硝化和反硝化细菌等，产品类型有单一菌种、复合菌种，剂型包括液态、固态（彩图 31、彩图 32）。通过种植水葫芦、石花菜、石莼和江蓠等水生植物净化养殖水体的技术也得到了广泛应用。基于生态系统管理的多元生态综合种养技术与模式，是目前国际研究的热点，也是中国发展现代渔业的出发点和落脚点。从养殖容量、养殖对象和养殖环境优化入手，运用综合种养生态调控技术，能有效地改善养殖水域的生态环境、控制病害的发生和流行。

一、鱼病发生的原因

导致四大家鱼病害发生的主要因素可分为内在因素和外在因素。内在因素主要指养殖鱼类本身的健康水平和对疾病的抵抗力，包括遗传、大小、性别、营养状况以及免疫能力等方面（图3-14）。外在因素主要包括养殖环境和病原等（图3-15）。

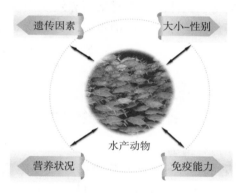

图 3-14　鱼病发生的内在因素

图 3-15　鱼病发生的外在因素

二、鱼病药物预防

四大家鱼疾病预防的关键是做好药物清塘、鱼体和水体消毒、科学用药等方面的工作。清塘药物的种类很多，其中以生石灰清塘效果最好，漂白粉次之。消毒主要包括鱼体消毒和池水消毒等方面，投放鱼种时进行鱼体消毒的主要目的是杀灭可能带入养殖池塘的外来病原生物，池水消毒的主要目的是杀灭病原生物，避免病原生物在鱼体上形成感染而导致疾病发生。药物预防工作特别要做好鱼种消毒、食场消毒、工具消毒、水体消毒和投喂药饵工作。

三、四大家鱼常见鱼病

(一) 青鱼肠炎病 (青鱼出血性肠道败血症)

1. 病原体与流行情况

(1) 主要病原体　青鱼肠炎病由嗜水气单胞菌 (*Aeromonas hydrophila*) 感染所致。病原呈杆状，两端钝圆，单个散在或两个相连，有运动力，极端有单根鞭毛，无芽孢，无荚膜。革兰氏染色阴性，少数染色不均。嗜水气单胞菌能产生外毒素，具有溶血性、肠毒性及细胞毒性，有强烈的致病性和致死性。

(2) 流行情况　对各阶段养殖的青鱼都有危害，包括当年青鱼鱼种、大规格青鱼鱼种 (1 龄和 2 龄青鱼鱼种) 以及青鱼成鱼，主要危害 1 龄和 2 龄青鱼鱼种，死亡率可达到 $50\% \sim 90\%$，是青鱼养殖中比较严重的细菌性疾病。流行季节为 4—9 月，其中有两个高峰期：5—6 月主要是 1~2 龄青鱼发病；8—9 月是当年青鱼鱼种发病。水温在 25℃以上时开始流行，27~35℃时为流行高峰。该病在主要青鱼养殖区域都流行，常和细菌性烂鳃病并发。在水质恶化、溶解氧不足、过度投喂、饲料单一以及水温明显变化等条件下，青鱼易发生此病。

2. 临床诊断

病鱼离群独游，活动缓慢，徘徊于岸边，食欲减退。病鱼体色发黑，腹部稍显肿大，肛门红肿，呈紫红色；轻压腹部，肛门处有黄色黏液和带血的脓汁流出。剖开鱼腹，可见腹腔内有积液，肠道发炎充血发红，部分出现糜烂。肠壁充血、发炎，轻者仅前肠或后肠出现红色；严重者则全肠呈紫红色，肠内一般无食物，含有许多淡黄色的肠黏液或脓汁（彩图33）。

3. 防控措施

（1）预防

①阻断病源

种源：培育健康的鱼种，提高鱼种抗病能力。

水源：要求水质清新、无污染，设置进水预处理设施。进排水系统分开，减少交叉感染的机会。

饵源：不投劣质或变质的配合饵料，遵守饲料投喂的"四定"原则；青鱼投喂时还需要补充鲜活饲料，并还应采取饵料消毒措施，以防病从口入。

②改善环境

彻底清淤消毒：为了杜绝感染源，除了要彻底清淤外，还应对池塘进行严格消毒。可采取曝晒、翻耕和泼洒生石灰及漂白粉等方法。由于养殖青鱼的池塘水一般比较深，池塘底质的消毒处理对养殖成功十分重要。

适当混养和轮养：减少青鱼相对密度，适当搭配其他养殖品种，可达到控制水质、改善养殖环境的目的。在青鱼养殖池塘中搭配适当数量的鳙，也可达到控制水环境的目的。同时，不同养殖品种轮养，也可减轻单一种连续养殖造成的环境压迫。

控制养殖密度：高密度使养殖对象出现应激反应，导致免疫力下降，并增加相互感染的机会。

强化操作管理：养殖期间除了注意强化各个操作程序的消毒措施外，还要避免滥用药物，以保持水中微生物种群的生态平衡和水环境的稳定，提高青鱼的抗病能力。

加强水质监控：定期检测水中硫化氢、亚硝酸根离子、有毒氨、重金属离子等有害理化因子含量是否超标，避免水质恶化导致疾病暴发。适当使用改水剂或底质改良剂等微生态制剂，对青鱼养殖水质控制有良好的作用。

③药物预防 一般每月使用生石灰对水体进行消毒 1～2 次；内服药饵以天然植物抗菌药物为主，如大青叶、黄连等，煮水拌饲料投喂，每 15 天 1 次，每次投喂 2～3 天。

④生态预防 施用光合细菌（PSB）、EM 制剂、底质改良剂等微生态制剂改善水体生态环境。

⑤免疫预防 在高密度专养或以青鱼为主的养殖模式下，采用疫苗免疫的方法预防青鱼肠炎病，效果良好。

（2）治疗

①二氧化氯全池泼洒，浓度为 0.2～0.3 毫克/升，全池泼洒 1～2 次，间隔 2 天泼洒 1 次。

②内服恩诺沙星或氟苯尼考，每千克鱼体重用 50～100 毫克，拌饵投服，连用 4～6 天。

③内服大蒜头，每千克鱼用捣碎大蒜头 5 克，添加少许食盐，拌饵投服，连用 6 天。

（二）草鱼出血病

1. 病原体与流行情况

（1）主要病原体 草鱼出血病是中国最为严重的大宗淡水鱼病毒性疾病，其病原为草鱼呼肠孤病毒（Grass Carp Reoviruses，GCRV）。

（2）流行情况 草鱼出血病是一种严重危害当年草鱼鱼种和 2 龄草鱼鱼种的传染性病毒性疾病，具有流行范围广、发病季节长、发病率高、死亡率高等特点，主要危害体长 7～15 厘米的当年鱼种，2 龄草鱼鱼种也会患此病，死亡率超过 80%。每年 6 月下旬到 9 月底为该病的主要流行季节，有些地区在每年 10—11 月仍有流行。当年鱼种培育至 8 月开始发病，8—9 月为流行高峰季节。一般水温在 20～30℃时该病发生流行，最适流行水温为 27～30℃。

2. 临床诊断

病鱼食欲减退，离群独游；体色发黑，尤其头部、背部，有时尾鳍边缘处可见褪色，背部两侧也会出现一条白色浅带；口腔、上下颌、头顶部、眼眶周围、鳃盖、鳃及鳍条基部明显充血，眼球突出，肛门红肿外突；剥去皮肤，可见肌肉呈点状或块状充血、出血，严重时全身肌肉呈鲜红色，而鳃常因贫血而呈灰白色。剖开鱼腹部检查，病鱼各器官、组织有不同程度的充血、出血现象。肠壁充血，肠系膜及周围脂肪、鳔、胆囊、肝、脾、肾也有出血点或血丝。全身性出血是此病的重要特征，但病鱼的症状并不完全相同，出血症状有的以鳃盖体表出血为主，有的以肌肉出血为主，有的以肠道充血为主。

①红鳍红鳃盖型　病鱼的鳃盖、鳍条、头顶、口腔、眼球等明显充血，有时鳞片下也有充血现象，但肌肉充血不明显，或仅局部表现点状充血。这种类型在规格为 10～15 厘米的草鱼鱼种中比较常见［彩图 34（A）］。

②红肌肉型　病鱼外表无明显的出血现象，或仅表现轻微出血，但肌肉明显充血，有的表现为全身肌肉充血，有的表现为斑点状充血。与此同时，鳃瓣则往往严重贫血，出现"白鳃"症状。这种类型一般出现在较小的草鱼鱼种，也就是在体长 7～10 厘米的草鱼鱼种中比较常见［彩图 34（B）］。

③肠炎型　其特点是体表和肌肉充血现象不太明显，但肠道严重充血，肠道全部或部分呈鲜红色，肠系膜、脂肪和鳔壁有时有点状充血。这种症状在大小草鱼鱼种中都可发现［彩图 34（C）］。

以上三种类型的症状不能截然分开，有时可两种甚至三种类型同时都表现出来。

大规格草鱼鱼种出血病症状见彩图 34（D），主要表现为鳃盖、眼眶周围、下颌、前胸部充血，眼球凸出；草鱼成鱼出血病症状见彩图 34（E），主要表现为全身性充血或出血，眼球凸出。

3. 防控措施

（1）预防

①建立亲鱼及鱼种检疫机制　保证水源无污染，进排水系统分开；投喂优质饲料或天然植物饲料；提倡混养、轮养和低密度养殖；加强水质监控和调节。

②使用含碘消毒剂杀灭病毒病原　如全池泼洒聚维酮碘或季铵盐络合碘等含碘制剂，剂量为 0.2～0.3 毫升/米^3（使用后水池终浓度，下同），发病季节每10～15 天泼洒 1 次，水质较肥时可以适当增加剂量。

③加强饲养管理　进行生态防病，定期加注清水，泼洒生石灰。高温季节注满池水，以保持水质优良、水温稳定。投喂优质、适口饲料。在食场周围定期泼洒漂白粉或漂白粉精进行消毒。

④进行免疫预防　目前主要用浸泡法和注射法两种方式进行免疫。鱼种在入池前进行免疫疫苗浸泡或注射呼肠孤病毒细胞培养灭活疫苗或减毒活疫苗。夏花鱼种在运输前加入 3％～5％疫苗浸泡，大规格鱼种分别在 2％食盐水和 5％～10％疫苗中浸泡 5～10 分钟，可使草鱼种获得免疫力。采用皮下腹腔或背鳍基部肌内注射，一般采用一次性腹腔注射，疫苗量视鱼的大小而定，一般大规格鱼种腹腔注射 0.2～0.5 毫升/尾。免疫产生的时间随水温升高而缩短，免疫力可保持 14 个月。

（2）治疗

①外用消毒剂　使用含碘消毒剂，如聚维酮碘或季铵盐络合碘等，全池泼洒杀灭病毒病原，剂量为 0.3～0.5 毫升/米^3，连续泼洒2～3 次，间隔 1 天泼洒 1 次，第三次视疾病控制情况确定是否使用。水质较肥时可以适当增加剂量。

②内服天然植物抗病毒复方制剂　在出血病暴发时，采取内服天然植物病毒复方制剂的方案，5～6 天有效。治疗时按 1.0 克/千克（鱼体重）计算药量，称取药物，文火煮沸 10～20 分钟或开水浸泡 20～30 分钟。冷却后均匀拌饲料制成药饵投喂，连续投喂5～6 天即可。

（三）草鱼烂鳃病

1. 病原体与流行情况

（1）主要病原体　柱状黄杆菌（*Flavobacterium columnaris*），为中等大小但形态偏长的杆菌。

（2）流行情况　本病的发生是鱼体与病原直接接触引起的。本病主要危害草鱼和青鱼的鱼种与成鱼，水温在15℃以上开始流行；水温在15～30℃时，水温越高烂鳃病越易暴发，继而引起大量死亡。该病常和传染性肠炎、出血病、赤皮病并发，一般流行于4—10月，尤以夏季流行为多。

2. 临床诊断

病鱼呼吸困难而浮至水面，对外界刺激反应迟钝；食欲减退，鱼体消瘦；有的病鱼离群独游，不吃食。病鱼体色发黑，头部乌黑，鳃上黏液增多，鳃丝肿胀，呈紫红色、淡红色或灰白色，鳃盖内表面皮肤充血发炎，中间部分糜烂成透明小窗，俗称"开天窗"；病变鳃丝末端呈淡黄色（彩图35）。

3. 防控措施

（1）预防

①彻底清淤，用漂白粉或生石灰干法清塘，往年发生过此病的池塘尤其有必要；鱼池施肥时应施用经过充分发酵的粪肥。

②加强水体水质培养管理，发病季节要注意勤换水，使用增氧机调节水质，保持池塘水质"肥、活、嫩、爽"，池水透明度在25～30厘米为宜。

③在4—10月流行高峰季节，每10～15天全池遍洒生石灰1次进行消毒，使池水的pH保持在8左右（用药量视水的pH而定），一般为15～20毫克/升，可以改善水质，杀灭病原菌，有效预防草鱼烂鳃病的发生。

④大黄经20倍0.3%氨水浸泡提效后，连水带渣全池遍洒。

⑤在食场周围采用生石灰或漂白粉挂篓挂袋的方法，对预防草鱼烂鳃病效果明显。

（2）治疗

①鱼种下塘前用 10 毫克/升漂白粉水溶液或 15～20 毫克/升高锰酸钾水溶液，药浴 15～30 分钟，或用 2%～4% 食盐水溶液药浴 5～10 分钟。

②生石灰化水后全池泼洒，剂量为 30～35 毫克/升。水质恶化较为严重，且 pH 在 8.5 以上的池塘可以采用二氧化氯全池泼洒的方法治疗该病，剂量为 0.3 毫克/升。全池泼洒二氧化氯时，可以视疾病的治疗情况决定是否再泼洒 1 次，时间间隔为 2～3 天，使用剂量相同。

③在全池泼洒外用药的同时，可选用天然植物抗菌药物拌饲料内服，疗效更好。

（四）草鱼赤皮病

1. 病原体与流行情况

（1）主要病原体　草鱼赤皮病的病原为荧光假单胞菌（*Pseudomonas fluorescens*）。

（2）流行情况　该病又称赤皮瘟，是草鱼的主要疾病之一。2～3 龄草鱼易发生此病，当年鱼种也可发生，常与肠炎病、烂鳃病同时并发。传染源为被荧光假单胞菌污染的带菌鱼、水体及用具。荧光假单胞菌是条件致病菌，当鱼体受到机械损伤、冻伤或体表被寄生虫寄生而受损时，病原菌进入鱼体引起发病。该病在我国各养鱼地区一年四季都有流行，尤其是在捕捞、运输后及北方越冬后，最易暴发流行。

2. 临床诊断

病鱼行动迟缓，反应迟钝，离群独游；体表出血发炎，鳞片脱落，尤其是鱼体两侧及腹部最为明显（彩图 36）。鳍条的基部或整个鳍条充血，鳍的末端腐烂，鳍条呈扫帚状或像破烂的纸扇，俗称"蛀鳍"，在体表病灶处常继发水霉感染。

3. 防控措施

（1）预防

①捕捞、运输、放养等操作过程中减少鱼体受伤，鱼种下塘前使用食盐或者消毒剂溶液浸泡消毒，用3％～4％浓度的食盐溶液浸泡5～15分钟或5～8毫克/升的漂白粉溶液浸泡20～30分钟。

②加强水体水质培养管理，发病季节要注意勤换水，使用增氧机调节水质，保持池塘水质"肥、活、嫩、爽"，池水透明度在25～30厘米为宜。

③定期将乌桕叶扎成数小捆，放在池水中浸泡，隔天翻动1次。

④用含氯消毒剂全池遍洒，以漂白粉（含有效氯25％～30％）1.0毫克/升浓度换算用量。

（2）治疗

①全池泼洒二氧化氯，剂量为0.2～0.3毫克/升。可视疾病的控制情况连续泼洒2次，间隔2～3天1次。

②恩诺沙星或氟苯尼考内服：每千克鱼体重每天用药10～30毫克，拌饲料内服，3～5天为1个疗程。

③磺胺嘧啶饲料投喂，第一天用量是每千克鱼用药100毫克，以后每天用药50毫克，连喂1周。方法是把磺胺嘧啶拌在适量的面糊内，然后和草料拌合，稍干后投喂草鱼。

（五）草鱼肠炎病

1. 病原体与流行情况

（1）主要病原体　草鱼肠炎病的病原菌为肠型点状气单胞菌（*A. punotata* f. *instestinalis*）。

（2）流行情况　肠型点状气单胞菌为条件致病菌，在健康鱼体肠道中是一个常居菌，当水体环境恶化、鱼体抵抗力下降时，该菌即在肠道内大量繁殖，从而引起疾病暴发。病原体随病鱼及带菌鱼的粪便而排到水中污染饲料，进而经口感染。草鱼从鱼种到成鱼都可感染，死亡率高，流行季节为4—10月，1龄以上的草鱼多发生在5—6月，有时提前到4月，当年草鱼鱼种大多在7—9月发病。水温18℃以上时开始流行，流行高峰水温为25～30℃。

2. 临床诊断

病鱼离群独游，活动缓慢，食欲减退。鱼体发黑；腹部肿大，两侧常有红斑；肛门红肿突出，呈紫红色；轻压腹部，肛门处有黄色黏液和带血的脓汁流出。剖开鱼腹，可见腹腔积水，肠壁充血、发炎，轻者仅前肠或后肠出现红色；严重者则全肠呈紫红色，肠内一般无食物，含有许多淡黄色的肠黏液或脓汁（彩图37）。

3. 防控措施

（1）预防

①彻底清淤，用漂白粉或生石灰干法清塘；加强水质管理，发病季节要注意勤换水，使用增氧机调节水质，保持池塘水质"肥、活、嫩、爽"。

②严格执行"四消、四定"措施，投喂优质配合饲料是预防此病的关键。在预防草鱼肠炎病的实践中，定期给草鱼投喂一定量的青料，并且最好对青料进行消毒处理，对于预防草鱼肠炎病效果显著。

③在5—9月流行高峰季节，每隔15天用漂白粉或生石灰在食场周围泼洒消毒；也可用浓度为1毫克/升的漂白粉溶液或20～30毫克/升的生石灰溶液全池泼洒，消毒池水，可控制此病发生。发病时可用以上任一药物每天泼洒，连用3天。

④在食场周围采用生石灰或漂白粉挂篓挂袋的方法对食场进行消毒，是预防草鱼肠炎病的关键措施之一。

（2）治疗

①鱼种放养前用8～10毫克/升的漂白粉溶液浸洗15～30分钟。

②每千克鱼体重每天用大蒜素0.02克、食盐0.5克拌饲料，分上午、下午两次投喂，连喂3天。

③每千克鱼体重每天用干的穿心莲20克或新鲜的穿心莲30克，打成浆，再加盐0.5克拌饲料，分上午、下午两次投喂，连喂3天。

④恩诺沙星或氟苯尼考内服：每千克鱼体重第一天用药10～

30 毫克，内服，3～5 天为 1 个疗程。

⑤全池泼洒含氯消毒剂，如漂白粉、二氧化氯等，进行水体消毒以杀灭病原菌。漂白粉的剂量为 1 毫克/升，可连续泼洒 1～2次，间隔 1 天泼洒 1 次；二氧化氯的剂量为 0.3 毫克/升。

（六）淡水鱼出血性暴发病

1. 病原体与流行情况

（1）主要病原体　淡水鱼出血性暴发病的病原主要为嗜水气单胞菌（*Aeromonas hydrophila*）。嗜水气单胞菌能产生外毒素，具有溶血性、肠毒性及细胞毒性，有强烈的致死性。

（2）流行情况　嗜水气单胞菌可感染鲢、鳙、草鱼等多种淡水养殖鱼类，从夏花鱼种到成鱼均可感染。嗜水气单胞菌感染鲢可引起出血性暴发病，池塘老化、水质恶化、高温季节拉网操作、天气骤然变化以及不科学的施肥用药是该病暴发的主要诱因。主要淡水鱼出血性暴发病的流行季节为 3—11 月，6—7 月是高峰季节，10月后病情缓转。流行水温为 9～36℃，28～32℃为流行高峰，水温持续在 28℃以上以及高温季节后水温仍在 25℃以上时尤为严重。各地精养池塘、网箱、网拦、水库都有发生，严重时发病率可达80%～100%，平均死亡率可达 90%以上。该病是中国养鱼史上危害鱼种最多、危害鱼龄范围最大、流行地域最广、流行季节最长、危害养鱼水域类别最多、造成损失最严重的一种急性传染性鱼病。

2. 临床诊断

病鱼体表出血，严重时上下颌、眼眶周围、鳃盖、鳍基充血发红，皮肤有瘀斑、瘀点（彩图 38），肛门红肿外突，腹部膨大。剖开病鱼腹部，肉眼可见肝和肾肿大、出血，消化道严重出血、水肿；腹腔内有淡黄色或红色浑浊腹水。

3. 防控措施

（1）预防

①鱼池整场，清除过厚的淤泥是预防本病的主要措施。冬季干塘彻底清淤，并用生石灰或漂白粉彻底消毒，以改善水体环境。

②加强卫生管理，发病鱼池用过的工具要消毒。

③根据当地条件、饲养管理水平及防病能力适当调整鱼种放养密度。

④加强日常的饲养管理，科学投喂优质饲料，提高鱼体的抗病力。

⑤流行季节，每隔 15 天全池泼洒生石灰，浓度为 25～30 毫克/升，以调节水质；食场也要定期用漂白粉、漂白粉精等进行消毒。

⑥鱼种下塘前进行鱼体消毒。可用 15～20 毫克/升的高锰酸钾水溶液药浴 10～30 分钟。

⑦进行免疫预防，在鱼种放养前，可使用嗜水气单胞菌灭活疫苗浸泡或者注射。

（2）治疗

①全池泼洒含氯消毒剂，如二氧化氯，按 0.3 毫克/升全池泼洒 1～2 次，间隔 2～3 天泼洒 1 次。

②内服氟苯尼考，每千克鱼体重用氟苯尼考 5～15 毫克，制成药饵投喂，每天 1 次，连用 3～5 天。

③内服复方新诺明，第一天用量每千克鱼体重 100 毫克，第二天开始药量减半，拌在饲料中投喂，5 天为 1 个疗程。

④针对鲢等鱼类，可使用恩诺沙星、氟苯尼考等药物与麸皮混合后撒入水面治疗。

⑤高温季节拉网操作后，可全池泼洒漂白粉，剂量为 1 毫克/升，可控制该病暴发。

⑥对于老化池塘或水质恶化池塘，全池泼洒光合细菌、芽孢杆菌等微生态制剂，可控制该病的暴发。

⑦天气骤然变化或全池泼洒消毒后，切记要保障池塘增氧，可控制该病的暴发。

（七）淡水鱼孢子虫病

1. 病原体与流行情况

（1）主要病原体　黏孢子虫，属于黏体门、黏孢子纲。这一类寄生虫种类很多，在海水、淡水鱼类中都可以寄存，寄生部位包括鱼的皮肤、鳃、鳍和体内的肝、胆囊、脾、肾、消化道、肌肉和神经等器官组织。

（2）流行情况 黏孢子虫病没有明显的季节性，常在5—9月症状更为明显。各种虫体广泛寄生于多种鱼类。寄生在淡水鱼中危害较大的黏孢子虫有鲢碘孢虫、野鲤碘孢虫、鲫碘孢虫等。黏孢子虫的生活史必须经过分裂生殖和配子形成两个阶段，宿主的感染是通过孢子。黏孢子虫的种类多、分布广、生活史复杂，随着集约化养殖水平的提高，其危害也越来越大。

2. 临床诊断

鱼体变黑，身体瘦弱，头大尾小，尾部上翘，脊柱弯曲变形，在水中离群独游打转，失去平衡能力。解剖检查，肉眼可见组织器官中的白色包囊，例如鳃、肌肉和内脏组织等。

3. 防控措施

（1）预防

①应对苗种进行严格的检疫，发现有孢子或营养体的存在，应重新选择鱼种，防止带入病原。

②鱼苗放养前对池塘进行彻底清淤，每亩水面用150千克生石灰，以杀灭池中可能存在的孢子。

③投喂经熟化的鲜活小杂鱼、虾，以免携带入病原体。

④发现患病鱼、病死鱼，应及时捞出，深埋或高温处理或高浓度药物消毒处理，不能随便乱扔。

⑤对有发病史的池塘或养殖水体，每月全池泼洒敌百虫1～2次，浓度为0.2～0.3毫克/升。

（2）治疗

①病鱼池用"孢虫净"全塘泼洒。

②选用苦楝、五倍子和皂棘合剂煎汁泼洒。

③每千克鱼体投喂阿维菌素0.05克，连投3～4天。

④寄生在肠道内的黏孢子虫病，用晶体敌百虫或盐酸左旋咪唑等拌饲投喂，同时全池泼洒晶体敌百虫，可减轻病情。

（八）淡水鱼车轮虫病

1. 病原体与流行情况

（1）主要病原体　车轮虫和小车轮虫属的一些种类，属寡膜纲、缘毛目、车轮虫科，能寄生于各种鱼类的体表和鳃上。中国常见种类：显著车轮虫、杜氏车轮虫、东方车轮虫、卵形车轮虫、微小车轮虫、球形车轮虫、日本车轮虫、亚卓车轮虫和小袖车轮虫。从侧面看，虫体呈一个毡帽状；从反面看，则呈圆碟形，运动的时候像车轮一样转动。

（2）流行情况　病原可寄生在多种淡水鱼的鳃、鼻孔、膀胱、输尿管及体表上，主要危害鱼苗和鱼种，严重感染时可引起病鱼大量死亡，对成鱼危害不严重。全国各养殖区一年四季均可发生，主要流行于 4—7 月，以夏、秋季为流行盛季，适宜水温 20～28℃。水质恶化、放养密度过大，或鱼体发生其他疾病、身体衰弱时，则车轮虫往往大量繁殖，易暴发病害。

2. 临床诊断

病鱼体色发黑发暗，摄食困难，鱼群聚于池边环游不止，呈"跑马"症状；大量寄生时，虫体在寄生处来回滑行，刺激病鱼大量分泌黏液而使寄生处黏液增多，形成黏液层。

3. 防控措施

（1）预防

①鱼池及水体用生石灰或者漂白粉消毒。

②加强水体水质管理。

③鱼种放养前使用 8～10 毫克/升硫酸铜和硫酸亚铁合剂、2%～4%食盐药浴 10～30 分钟。

（2）治疗

①全池泼洒 1.2～1.5 毫克/升硫酸铜和硫酸亚铁合剂。

②全池泼洒 25～30 毫克/升甲醛溶液，隔天再用一次。

③全池按 50 毫克/升浸泡楝树叶。

（九）淡水鱼小瓜虫病

1. 病原体与流行情况

（1）主要病原体　淡水鱼小瓜虫病的病原为小瓜虫，小瓜虫病亦称白点病（White spot disease）。

（2）流行情况　主要危害各种淡水鱼类，全国各地均有流行，对鱼种危害最大。初冬、春末为流行盛季，温度在 15～25℃时为流行高峰，水温在 10℃以下或者 26℃以上时较少发生。

2. 临床诊断

病鱼体色发黑，消瘦，游动异常。体表、鳃和鳍条布满无数白色小点。病情严重时，鱼躯干、头、鳍、鳃、口腔等处都布满小白点，有时眼角膜上也有小白点，并同时伴有大量黏液，表皮糜烂、脱落，甚至蛀鳍、瞎眼。

3. 防控措施

（1）预防

①合理施肥，培养水体浮游动植物，用生石灰彻底清塘。

②当鱼的抵抗力强时，即使小瓜虫寄生上去，也不会暴发该病，所以加强饲养管理，保持良好环境，增强鱼体抵抗力，是预防小瓜虫病的关键措施之一。

③清除池底过多淤泥，水泥池壁要进行洗刷，并用生石灰清塘消毒。

④鱼下塘前抽样检查，如发现有小瓜虫寄生，应立即采用20～30 毫克/升甲醛溶液药浴 5～10 分钟。

（2）治疗

①用含大黄、五倍子与辣椒粉合剂药物煎汁泼洒有一定疗效。

②全池泼洒 10～25 毫克/升的甲醛溶液，换水肥塘。

③全池遍洒亚甲基蓝，使池水中亚甲基蓝终浓度达到 2 毫克/升，连续数次。

(十) 淡水鱼指环虫病

1. 病原体与流行情况

（1）主要病原体　指环虫属指环虫科。指环虫属种众多，致病种类主要有页形指环虫，寄生于草鱼鳃、皮肤和鳍；鳙指环虫寄生于鳙鳃；小鞘指环虫，寄生于鲢鳃上，为较大型的指环虫；坏鳃指环虫，寄生于鲤、鲫、金鱼的鳃丝。

（2）流行情况　全国各地区都有发生，是水产病害中的常见多发病。病原对寄主有严格的选择性，主要危害鲢、鳙和草鱼。多流行于春末夏初，适宜水温为 20～25℃。

2. 临床诊断

病鱼轻度感染时，鳃丝局部损伤，鳃瓣缺损、出血、坏死和组织增生；中度感染时，虫体寄生的鳃丝颜色苍白，部分鳃丝血管充血，出现轻微肿胀；病鱼重度感染时，对鳃丝的损害范围扩大为全鳃性的，鳃丝黏液显著增多，全部呈苍白色，鳃部明显浮肿，鳃瓣表面分布着许多由大量虫体密集而成的白色斑点，虫体寄生处发生大量细胞浸润，同时鳃丝上皮细胞大面积严重增生、肥大，呼吸上皮与毛细血管发生严重脱离，出现如鳃丝肿胀、融合等炎症或坏死、解体等严重的病理变化。

3. 防控措施

（1）预防

①放养前用生石灰对蓄水池和养殖池进行彻底清塘消毒。

②用甲苯咪唑药物预防，尽量在指环虫病刚开始发生时使用，虫体数量不多，亚成体指环虫比成虫对药物敏感度高、易杀灭。此时用药可有效减少并发症的发生。

③鱼种放养前，用 20 毫克/升的高锰酸钾浸洗 15～30 分钟，杀死鱼种上寄生的指环虫。

④养殖期间加强水体培养，每天抽样，及时镜检。

（2）治疗

①全池泼洒 0.5～1.0 毫克/升的甲苯咪唑，施药后保持 5 天不

换水，保证药物的效果。

②全池泼洒 0.1～0.2 毫克/升的指环速灭，可一次性杀灭虫体。

③全池遍洒 90％的晶体敌百虫，使池水浓度达 0.2～0.3 毫克/升，或全池遍洒 2.5％的敌百虫粉剂使池水浓度达 1～2 毫克/升。

（十一）淡水鱼斜管虫病

1. 病原体与流行情况

（1）主要病原体　斜管虫。适宜繁殖温度为 12～18℃，最适繁殖温度为 15℃，水温低至 2℃时还能繁殖；环境恶劣时形成包囊，当环境好转时再开始繁殖。

（2）流行情况　对温水性及冷水性淡水鱼都可造成危害，主要危害草鱼和鲢等多种鱼类的鱼苗及鱼种。我国各养鱼地区都有发生，是一种常见多发病。每年 3—4 月和 11—12 月是此病的流行季节。适宜斜管虫繁殖的水温为 8～25℃，最适繁殖水温为 5～12℃。在水质恶劣、鱼体抵抗力弱时，越冬池中的亲鱼也会发生死亡，能引起鱼大量死亡，是北方地区鱼类越冬后严重的疾病之一。

2. 临床诊断

病鱼鱼体瘦弱发黑，反应迟钝，苗种游动无力，在水中侧游、打转；体色发暗、发红，即鱼体表、鳍、鳃部有充血现象。虫体大量寄生在鳃和皮肤时产生大量的黏液，体表组织损伤，形成苍白色或淡蓝色的黏液层。

3. 防控措施

（1）预防

①苗种放养前用生石灰对蓄水池和养殖池进行彻底清塘消毒。

②苗种孵化及暂养用水需进行消毒，苗种用 7 毫克/升的硫酸铜和硫酸亚铁合剂浸泡 10～20 分钟后再下塘。

③饵料鱼投放前，用 7 毫克/升的硫酸铜消毒 10～20 分钟，避免带入病原。

④鱼苗、鱼种培育阶段加强水质管理，每天抽样，及时镜检。

⑤越冬前对鱼体进行消毒，杀灭鱼体上的病原体，再进行育肥；尽量缩短越冬期的停食时间。

（2）治疗

①用 8 毫克/升的硫酸铜和硫酸亚铁合剂浸洗患病鱼体 10～20 分钟。

②患病鱼的池塘用 10～25 毫克/升醛制剂全池泼洒，可一次性杀灭虫体，同时增氧或换水。

③水温在 10℃以下时，全池泼洒硫酸铜和高锰酸钾合剂（5：2），使池水浓度达 0.3～0.4 毫克/升。

第四章
四大家鱼绿色高效养殖案例

第一节 池塘养殖

一、池塘主养草鱼案例

(一)广东草鱼池塘零排放养殖

传统的养殖方式往往依靠大量换水、增加养殖面积及定期使用消毒(杀虫)剂等方式获得高产,从而使得水产养殖业不可持续发展,也给水产品安全带来隐患,不符合现代渔业绿色健康高质量发展要求。为保证草鱼产业可持续发展、产品安全有效供给,广东省广州市南沙区万顷沙镇与中山市民众镇养殖场,通过优化草鱼养殖结构,总结出一套草鱼池塘零排放高效养殖技术。具体介绍如下。

1. 草鱼各个生长期基本养殖方法

珠江下游地区,草鱼的苗种培育周期为每年 3 月下旬至 7 月,各规格苗种在一定密度下的生长周期见表 4-1。在一定密度下,草鱼从水花养殖至 16~20 尾/千克的大规格苗种,培育周期为 85~98 天。

水花按 50 万尾/亩的密度进行放养,经 20~25 天培育,生长至 6~8 厘米及时分筛疏养,进行中间培育;再按 5 万~7 万尾/亩的放养密度,经 30~33 天培育,苗种生长至 11~13 厘米,注射草鱼疫苗,提高苗种的抗病能力;再按 2 万~3 万尾/亩放养密度经

35～40 天饲养至规格为 16～20 尾/千克的大规格苗种。

根据草鱼的苗种培育周期（3 月下旬至 7 月），6 个 8 亩的苗种培育池塘，水花经 85～98 天培育，可生产规格为 16～20 尾/千克草鱼苗种 567 万尾，可供应 500 亩池塘进行成鱼养殖。

通常根据成鱼养殖各阶段所需苗种安排各阶段的生产计划，以免出现苗种短缺现象。在广东，草鱼苗种繁育阶段，每月培育草鱼水花 1 次，每年共放养 4 次，可保证大规格苗种的周年长期供应。

表 4-1 珠江下游地区草鱼苗种的生长情况（3—7 月）

放养规格 （厘米）	放养密度 （万尾/亩）	养殖时间 （天）	收获规格	饲料蛋白含量 （%）
0.6～0.7 （水花）	50	20～25	6～8 厘米	前期以浮游动物为主，后期投喂蛋白含量为 30% 的破碎料
6～8	5～7	30～33	11～13 厘米	30
11～13	2～3	35～40	50～70 克/尾	30

注：在苗种培育至 11～13 厘米时，注射疫苗。

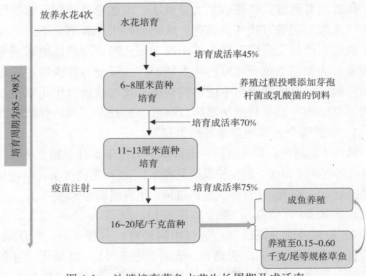

图 4-1 池塘培育草鱼水花生长周期及成活率

2. 成鱼养殖

3—11月（水温23～35℃），在珠江下游地区，在一定养殖密度下，草鱼苗种及商品鱼养殖的生长数据见表4-2。在池塘养殖中，放养规格0.25～0.35千克/尾，放养密度0.20万尾/亩，投喂蛋白含量为28%的饲料，养殖30～33天，规格可达0.6千克/尾；放养规格0.6千克/尾的草鱼，放养密度为0.12万尾/亩，养殖35～40天，规格可达1.00千克/尾。草鱼生长快速期为0.25～1.00千克/尾时。

表4-2 珠江下游地区不同规格草鱼的生长情况（3—11月）

放养规格 （千克/尾）	放养密度 （万尾/亩）	养殖时间 （天）	收获规格 （千克/尾）	饲料蛋白 含量（%）
0.05～0.06	1.2	33～40	0.15	30
0.15	0.5	30～35	0.25～0.35	28
0.25～0.35	0.2	30～33	0.6	28
0.6	0.12	35～40	1.0	28
1.0	0.06	50～55	1.75	26
1.50～2.00	0.03	85～95	3.5～5.0	26

注：在苗种培育至0.25～0.35千克/尾时，再次注射疫苗。

图4-2 养殖池塘

111

3. 零排放池塘放养方式

广州市南沙区万顷沙镇和中山市民众镇养殖场，单个池塘面积10亩，水深1.8～2.2米，平均2.0米，每个池塘配备1.5千瓦的增氧机3～4台，自动投料机1台。

目前，华南地区规格1.0千克/尾的草鱼（商品名为"超市鲩"）市场需求量大，因此收获草鱼规格定为1.0千克/尾。根据池塘养殖草鱼的快速生长期及市场需求，以池塘营养物质重复利用技术，确定草鱼池塘的放养密度、放养规格及混养品种（表4-3），将草鱼分两种规格在同一池塘内套养：规格分别为0.25～0.35千克/尾，放养密度为800尾/亩；规格为0.65～0.70千克/尾，放养密度为800尾/亩。每年可放养6批次0.25～0.35千克/尾的草鱼和1批次0.65～0.70千克/尾的草鱼，生产6批次1.0千克/尾的草鱼成鱼。同时为了提高养殖效益，放养异育银鲫（规格为0.05千克/尾，放养量为800尾/亩），摄食池塘底部的营养物质；放养鳙（规格为0.4～0.5千克/尾，放养量为165尾/亩），摄食池塘中的浮游生物。

表4-3 草鱼零排放池塘放养方式

鱼	放养规格（千克/尾）	放养数量［尾/(亩·年)］	轮捕周期（天）	捕捞方式	收获规格（千克/尾）	备注
草鱼	0.25～0.35	4 800	35～50	捕大留小	1.0	捕捞收获的尾数与再次放养尾数一致。每年可放养6批次
	0.6～0.7	800				每年放养1批次
鳙	0.4～0.5	165	80～100	捕大留小	1.5	捕捞收获的尾数与再次放养尾数一致。每年可放养3批次
异育银鲫	0.05	800	100～250	捕大留小	0.4	年底收获1～3次

4. 单位水体载鱼量的确定

针对传统养殖模式前期不能充分利用养殖容量、后期易超负荷的问题，通过分析池塘草鱼养殖数据，在零排放池塘高密度养殖（1 600 尾/亩）的情况下，以日投喂量为评价指标，结合水质指标、生长速度和养殖周期等参数，确定 1 500 千克/亩为较佳的载鱼量，超过此量则进行捕捞（图 4-3）。

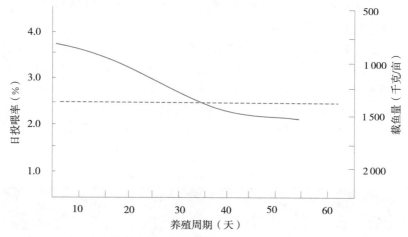

图 4-3 草鱼零排放养殖池塘载鱼量与日投喂率、生长周期的关系
实线为日投喂率，虚线为载鱼量

5. 科学投喂

零排放养殖池塘所用饲料为商品饲料。投喂前，在饲料中添加枯草芽孢杆菌（每吨饲料 20 克），日投喂率为 2.2%～3.0%。同时为了提高饲料的利用率，每 3～5 天在饲料中添加乳酸菌，剂量为每吨饲料 200 克。

6. 成鱼收获和养殖效益分析

养殖过程中，池塘底泥中积累大量的残饵、粪便、凋亡藻类等。在池塘养殖 30～45 天时，沉积物-水界面离子交换受阻。因此，利用草鱼最佳的快速生长阶段（体重 0.25～1.00 千克/尾时为草鱼的快速生长期），结合沉积物-水界面离子交换情况，以 35～50 天为一个养殖周期，每年可生产 6 批次 1.0 千克/尾的草鱼。在此过程中，共拉网 12 次（每收获 1 批次，拉网 2 次）进行收获，定期搅动池塘底部 10 厘米之内的底泥，促进沉积物再悬浮，将池塘沉积物中亚硝酸氮等搅至上覆水，与上覆水中较高的溶解氧反应生成硝酸盐，被水体中的微生物、浮游植物等利用继而为鲢提供饵料，其中还有一部分再被浮游动物利用，进而为鳙提供饵料。同时，沉积物再次沉淀，部分被底栖生物利用，进而被鲫摄食利用，提高了营养物质的利用率。

表 4-4 比较了草鱼传统养殖方式、零排放养殖模式的年产量。传统养殖池塘净产量为 1 594 千克/亩。通过零排放养殖方式，采取捕大留小的养殖操作，年净产量为 3 918 千克/亩。对养殖效益进行分析表明（表 4-5），零排放养殖时，池塘养殖效益为 4 350 元，比传统养殖模式提升 289.09%，可有效提高池塘养殖单位面积产出率。

表 4-4 不同养殖模式产量对比

种类	传统养殖（千克/亩）		零排放养殖（千克/亩）	
	年产量	净产量	年产量	净产量
草鱼	1 726	1 426	5 436	3 476
鳙	108	92	245	170
鲫	93	76	312	272
合计	1 927	1 594	5 993	3 918

注：＊表示 2014—2015 年调查 10 个草鱼传统养殖池塘获得的产量，传统养殖池塘放养规格为 50 克/尾的苗种，年放养量为草鱼 2 000 尾/亩、鳙 60 尾/亩、鲫 200 尾/亩。

表 4-5 不同养殖模式效益对比

项目	年投入（元/亩）		年收入（元/亩）		年利润（元/亩）	
	传统养殖	零排放养殖	传统养殖	零排放养殖	传统养殖	零排放养殖
草鱼鱼种	3 400	23 184	16 569	51 642		
鳙鱼种	96	975	1 296	2 940		
异育银鲫鱼种	360	1 520	1 209	4 680		
饲料	10 500	23 780				

（续）

项目	年投入（元/亩）		年收入（元/亩）		年利润（元/亩）	
	传统养殖	零排放养殖	传统养殖	零排放养殖	传统养殖	零排放养殖
租金	2 000	2 000			1 118	4 350
人工	700	700				
电费	400	1 627				
药物	300	526				
其他	200	600				
合计	17 956	54 912	19 074	59 262		

注：（1）传统养殖、零排放养殖饲料系数分别为2.3、1.8。（2）药物包括清塘药物、消毒（杀虫）剂及调水剂等。

7. 水资源耗费情况

以摄食量、水质情况及生长情况为指标，采用轮捕轮放及二级套养技术，草鱼高产养殖池塘可不用换水，每月仅需加注补充被蒸发水体（20～30厘米，平均24厘米），按池塘水深2.0米计算，总用水量约为3 253米³，可养殖产量为5 993千克/亩，净产量为3 918千克/亩，每生产1千克鱼需水0.83米³；传统养殖方式，总用水量约为4 933米³，每生产1千克鱼需水3.03米³。零排放养殖方式比传统养殖方式单位产量养殖用水量下降了72.6%（表4-6）。

表4-6　不同养殖模式用水情况对比

项目	传统养殖方式	零排放养殖模式
总用水量（米³）	4 933	3 253
单位产量用水（米³/千克）	3.03	0.83

综上，零排放养殖方式充分利用草鱼生长特性及市场需求，在传统集约化混养池塘的基础上结合轮捕轮放技术即可实现高产、零换水的效果，具有良好的推广前景。

（二）广东脆肉鲩无公害养殖技术

草鱼脆化养殖，主要是通过改变草鱼的食物结构使其肉质变脆。脆化后的草鱼称"脆肉鲩"，其肉质紧硬而爽脆，不易煮碎，即使切成鱼片、鱼丝后也不易断碎，肉味反而会更加鲜美而独特，从而能很好地满足消费者的特殊口感要求，提高了草鱼的市场竞争力和养殖效益。

脆肉鲩是草鱼在一定的环境条件下用天然植物蚕豆饲养出来的优质鱼类。脆肉鲩原产于中山市长江水库，是利用水库的清澈水质密集精养培育成的名特水产品。因其肉质结实、清爽、脆口而得名，外形与普通草鱼一样，但肉质已发生变化，蛋白质含量较普通草鱼高12%，味道更为鲜美，具有肉质软滑、爽脆，与众不同的特点，尤以鱼肚部分最佳。目前，"中国脆肉鲩之乡"——广东省中山市东升镇的脆肉鲩养殖面积达到700公顷以上，占全国养殖面积的70%以上，年产值接近3亿元。在中国水产科学研究院珠江水产研究所的大力助推下，由广东省中山食品水产进出口集团有限公司生产的脆肉鲩加工产品，已漂洋过海远销美国，开创了脆肉鲩远洋出口的先河。

1. 脆肉鲩的由来

脆肉鲩最早于1973年培育成功。当时利用水库放水渠道进行流水养殖草鱼，使用经水浸泡透的蚕豆作饲料。用蚕豆喂的大规格草鱼，体色金黄，肌肉较坚韧，富有弹性，切成薄肉片，可炒可氽汤，还能保持成片完整不烂，吃起来又爽又脆，别有风味，后将这种草鱼取名为"脆肉鲩"。

2. 脆肉鲩的营养特点

从外观上来看，脆肉鲩的外形与普通草鱼并无太多差异之处，只是体色略带金黄，但通过对其肌肉营养成分的分析发现，脆肉鲩的肌肉成分发生了极显著变化，其皮爽肉脆，肉质鲜甜且极富弹性。

(1) 与普通养殖草鱼相比较，脆肉鲩肌肉中的胶原蛋白丰富。脆肉鲩比普通草鱼基质蛋白、肌原纤维蛋白和胶原蛋白分别提高60.9%、18.7%和36.7%。已有大量研究表明，胶原蛋白能增加皮肤的储水能力，维护皮肤的良好弹性，延缓皮肤老化和保持青春活力，因此，脆肉鲩是美容的理想天然原料。

（2）脆肉鲩肉和普通草鱼肉的质构特性存在显著差异，脆肉鲩肉的硬度、咀嚼性和回复性比普通草鱼分别高出 14.4%、10.6% 和 2.7%；黏着性的绝对值比普通草鱼低 38.7%。脆肉鲩肌肉中钙离子含量比普通草鱼提高 17.5%。

（3）脆肉鲩与普通草鱼相比，肌肉氨基酸含量具有显著差异，鱼肉总氨基酸含量比普通草鱼要高。脆肉鲩肌肉中必需氨基酸（EAA）组成比例与 FAO/WHO 建议的理想模式基本一致，是一种营养价值较高的食物蛋白。除了酪氨酸、精氨酸以及丝氨酸以外，每 100 克脆肉鲩肉中所含必需氨基酸含量为 6.70 克，占氨基酸总量的 39.88%，蛋白质质量较佳，具有较高的营养价值。而每 100 克脆肉鲩鱼肉中鲜味氨基酸含量为 6.67 克，占氨基酸总量的 39.70%，这也是脆肉鲩肉味道鲜美的原因。

（4）脆肉鲩的必需氨基酸指数高于普通草鱼。根据化学评分（CS），脆肉鲩和普通草鱼的第一限制性氨基酸为蛋氨酸＋胱氨酸，第二限制性氨基酸为缬氨酸；根据氨基酸评分（AAS），脆肉鲩和普通草鱼的第一限制性氨基酸均为蛋氨酸＋胱氨酸，脆肉鲩的第二限制性氨基酸为缬氨酸，而普通草鱼的第二限制性氨基酸为亮氨酸。

3. 脆肉鲩的养殖概况

20 世纪 80 年代初，中山市东升镇率先采用池塘试养脆肉鲩，经过 20 多年摸索、实践和积累，掌握了一套成熟的养殖技术，每亩产量由过去的 750 千克提高到 1 750 千克。

中山市东升镇是脆肉鲩的原产地和主产区，21 世纪以来，该镇立足于当地资源优势，积极鼓励发展以脆肉鲩为主导的水产养殖业，不断培育壮大"东裕"牌脆肉鲩品牌，使脆肉鲩养殖产业得到了前所未有的发展，成为东升镇发展现代农业、促进第三产业发展的一张特色名片。2009 年，中山市东升镇脆肉鲩养殖面积达 683 公顷，占全国 60% 以上、广东省 70%，成为中国最大的脆肉鲩养殖专业镇。2007 年，中山市首届脆肉鲩美食节的成功举办，既让具有"中国脆肉鲩之乡"美誉的东升镇蜚声海内外，更使东升镇"东裕牌"脆肉鲩成为众多美食家追逐的热点；与此同时，极大地促进了东升镇脆肉鲩养殖产业的蓬勃发展，产品销往北京、上海、广州等 20 多个城市及港澳地区和南美部分国家。在东升镇，仅脆肉鲩养殖产业一项，就使渔民一年增收超过 2 亿元。

东升镇采取"基地＋农户"的方式推进脆肉鲩养殖，通过无公害脆肉鲩养殖基地的示范辐射，带动东升镇 600 多位农户养殖脆肉鲩。目前中山市养殖脆肉鲩面积达 1 116 公顷，其中东升镇养殖面积近 683 公顷，约占全市的 80％，是全国最大的脆肉鲩生产基地。目前全镇脆肉鲩年产量近 17 510 吨，产值 4.55 亿元，利润超过1.0 亿元，初步形成了基地化、规模化、规范化的生产模式，成为东升镇具有地方特色的农业拳头名牌产品。

4. 池塘脆肉鲩无公害养殖技术

脆肉鲩的养殖通常经过以下几个特殊过程。第一步是培养鱼苗，大约用 1 年时间养至 250 克左右，再花 1 年时间就可以养到2.5～3.5 千克，此时，它和普通的草鱼还没有任何差别。但在第 3年，在 25℃ 以上的温度条件下喂养蚕豆，草鱼的肉就会慢慢变得脆起来。经过 120 天以上的蚕豆喂养，就形成了名副其实的脆肉鲩。目前在中山地区，大多数脆肉鲩的养殖户都是购入养殖 2 年的草鱼直接进行脆肉鲩的培养。

（1）池塘条件　池塘要求池底淤泥较少、水源充足、水质良好无污染、进排水方便、面积 2～3 亩、水深 2 米左右，放养前按常规方法进行彻底清塘。在脆肉鲩养殖中保持良好的水质是关键，与普通草鱼相比，脆肉鲩对水质要求更高。正常草鱼窒息点溶解氧阈值为 0.54 毫克/升，而脆肉鲩窒息点溶解氧阈值则为 1.68 毫克/升；同时，正常草鱼呼吸抑制值为 1.59～1.62 毫克/升，而脆肉鲩呼吸抑制值上升到 2.85～3.08 毫克/升。二氧化碳麻醉浓度（呼吸抑制值），普通草鱼为 194 毫克/升，脆肉鲩为 52.42～65.36毫克/升。

由于脆肉鲩对水质的要求较高，脆肉鲩养殖场应是生态环境良好，无或不直接受工业"三废"及农业、城镇生活、医疗废弃物影响的水（地）域。水质符合《渔业水质标准》（GB/T 11607）和《无公害食品　淡水养殖用水水质》（NY 5051）的要求。

（2）放养前的准备　鱼种放养前，先将池塘排干水、除杂，曝晒 30 天，灌水 0.5 米后可用生石灰或者漂白粉清塘消毒，以杀灭野杂鱼类、寄生虫类、螺类及其他敌害，使池塘"底白、坡白、水白"，有效杀灭病菌。鱼塘消毒后适时进行注水，注水时应扎好过滤网布，防止有害生物进入池内，水加注至 1.8～2.0 米时，经少许鱼种试水确保池内毒性消失后，再投放鱼种。

（3）鱼种放养　选择体质健壮、无伤病、规格为 0.5～1.0 千克/尾的草鱼鱼种，池塘放养密度一般为 2 000～3 000 尾/亩。为了调节水质，充分发挥池塘生物链的生产力，每亩池塘可搭配放养 13～15 厘米的鲢、鳙 50～60 尾。具体放养密度根据池塘条件、设施水平、管理水平等条件决定。

鱼种放养前要经过消毒处理，以杀灭鱼种本身可能带来的病原菌，增强鱼体的免疫力，提高养殖的成活率。通常用 3%～5% 的生理盐水浸泡鱼种 15～20 分钟，也可用 4% 食盐水或漂白粉等药液浸浴 5～10 分钟。具体的消毒方式以及时间可根据当时具体情况而定，如运输时间的长短、鱼种来源以及水温情况等。

在条件允许的情况下，鱼种放养前用草鱼出血病及细菌性肠炎病、烂鳃病、赤皮病灭活疫苗进行胸鳍基部肌内注射，注射剂量为每尾 0.3～0.5 毫升，可有效预防肠炎病、烂鳃病、赤皮病的发生。

（4）脆化时间　在春季水温回升到 15℃ 时草鱼开始摄食，一直到冬季停止摄食之前都可以进行脆化养殖，一般脆化的时间在 120 天以上。如果采取轮捕轮放或分期分批的养殖模式，每轮（批）脆化养殖时间不少于 60 天。在脆肉鲩养殖中，脆化养殖时间的掌控至关重要。脆化时间不够会影响脆肉鲩的口感和品质，而脆化过度则会导致"肿身病"，引起鱼类死亡，造成损失。

（5）饲料投喂　草鱼脆化养殖的最关键之处是改变草鱼的饵料结构，用含高蛋白的蚕豆代替常规饲料，外加少量青草，不添加其他饲料，否则会影响脆化效果。在进行脆化养殖前，先让待脆化的草鱼停食 2～3 天，然后饲喂少量浸泡过的碎蚕豆（蚕豆用 1% 食盐水浸泡 12～24 小时），直到草鱼喜食，以后可定时定量投喂蚕豆。一般每天 8：00 左右、17：00 左右各投喂 1 次，投饵量为草鱼体重的 5% 左右，具体投饵量可根据草鱼摄食情况和水温变化进行适时调整（表 4-7）。在饲料的投喂过程中，要遵循定时、定位、定质、定量的"四定"投喂原则，还要通过观察天气、水体情况以及鱼的进食情况适当调整投喂量。

表 4-7　脆肉鲩日投饵量

水温（℃）	日投饵量（占体重百分比，%）
16～19	1.5～2
19～22	2～3
22～25	3～4
25～28	4～5
28～30	5～6

投喂的蚕豆须经过浸泡催芽，催出芽后冲洗干净，无臭味后再投喂，催芽时间要与投喂时间衔接起来，以不断食为好。投喂催芽蚕豆，不仅草鱼喜食，而且易消化吸收，转换率高，使草鱼生长速度快，肉质鲜味，肌肉变脆。投喂蚕豆有以下要求：第一，当天待投喂的蚕豆应在前一天 16：00 用水浸泡充分（图 4-4、图 4-5）；第二，适量投喂象草等草类（图 4-6），以补充草鱼的营养；第三，由于脆肉鲩养殖中混养有鲮、鲂、鳙等鱼，投喂时应配合适量小麦粉。每天 9：30—10：00 在池塘中部位置投喂蚕豆（图 4-7），每天1 次。在第 2 天投喂之前，用三角渔网从底部打捞食物残渣，根据残料剩余情况适当调整投喂量。

图 4-4　未浸泡的蚕豆

图 4-5　浸泡过的蚕豆

图 4-6　象　草

图 4-7　在池塘中投喂蚕豆

（6）日常管理　日常管理是养殖成功的关键因素。除了每天正常投喂饲料外，每天黎明、中午和傍晚进行巡塘，观察鱼活动情况和水色、水质的变化情况。及时消除浮头，防止死鱼。及时清除残饵，防止变质饵料影响水质。食台和食场每 2～3 天清理 1 次，每15 天用漂白粉消毒 1 次，每次用 250～500 克，具体用量视食场的大小、池水深度、水质和水温而定。及时清除池边杂草、池中草渣和腐败污物，保持池塘环境卫生。

脆肉鲩对水质要求较高，良好的水质管理十分重要，要保持水质的清新和卫生。每隔 3～5 天添加新水 5～10 厘米，以增加水体活力和溶解氧，还应加强对水源的消毒和过滤，避免有害生物及病菌侵入鱼体。同时应配备增氧机增氧，以保持水质新鲜，溶解氧正常。每隔 15 天每亩泼洒生石灰 10～20 千克，以澄清水质。透明度最好保持在 25～30 厘米。

此外，还可通过施用微生态制剂改善水质，视水体透明度、水温等情况而定，一般每月用 1 次，如 EM 液、益生菌和光合细菌等，均可有效改善水质状况，使水体中的有益菌种占优势。注意在使用微生态制剂的 15 天内，不能使用杀虫剂。

（7）适时捕捞和脆化保持　脆肉鲩脆化时间不足会导致肉质口感不佳，而脆化时间过长则会导致鱼死亡，因此，在脆肉鲩养殖中适时捕捞就显得尤为重要。

草鱼脆化养殖达到终极阶段后草鱼的摄食量会大大下降，体重增加和生长均几乎停止，生理功能发生巨大变化，各器官出现系统的功能性障碍。此时，若改为饲喂青饲料则可以使脆化度降解，若继续投喂蚕豆则会使草鱼出现"肿身"死亡。因此，到达此阶段后必须及时捕捞上市。

在实际养殖中，可能会遇到市场疲软等情况需要继续养殖，还要保持脆化持续稳定。保持脆化持续稳定是实际生产中需要掌握的关键技术，其主要方法是达到脆化终极阶段后改为饲喂 75% 小麦、10% 蚕豆和 15% 青菜组成的混合饲料，尽量减少蚕豆的配比，这样鱼不会消耗机体营养，脆化度也不会下降，从而保持了脆肉鲩的特殊风味。

（三）湖北草鱼为主养殖模式

1. 湖北省荆州市石首市小河口镇郑家台村养殖户

（1）当地养殖条件　池塘条件良好，进排水系统齐全，水质良好。当地为传统养殖区，以前以鲢、鳙为主养品种，近 5 年逐步转向以草鱼为主养对象，养殖户从 2001 年开始从事水产养殖，初期是从事大水面养殖，后逐步转为池塘精养。现有养殖水面 13.3 公顷，分 3 个池塘。养殖方式为传统的草鱼喂养方式，以投饵为主，补充一定量的青饲料。鲢、鳙为搭养品种，摄食浮游生物，不仅可以起到改水的目的，还能创造可观的收入；同时，搭养的团头鲂摄食草鱼颗粒饲料的粉末，搭养的异育银鲫摄食残饵和池底有机物及底栖动物，使整个池塘的人工饵料和天然饵料都得到了充分的利用。

（2）放养与收获情况　三个池塘的放养方式一样，管理一样，以草鱼为主，放养草鱼规格为 600 克/尾，主要搭配养殖鲢和鳙，另外还搭配养殖团头鲂和异育银鲫，具体放养与收获情况见表 4-8。

表 4-8　池塘放养与收获情况

养殖对象	放养			收获			
	时间	规格（克/尾）	重量（千克）	时间	规格（克/尾）	成活率（%）	产量（千克）
草鱼	12 月 5 日	600	9 600	12 月 8 日	2 500	85	69 000
鳙	12 月 5 日	750	30 000	9 月 30 日	1 500	90	32 900
				12 月 20 日	1 500		21 350
鲢		400	6 400	9 月 30 日	1 000	90	6 300
				12 月 20 日			8 500
团头鲂	第二年 1 月 20 日	150	1 150	12 月 20 日	500	95	4 550
异育银鲫	第二年 1 月 24 日	100~200	4 100	第二年 2 月 23 日	400	98	12 300

（3）养殖效益分析　养殖成本主要包括池塘承包费、苗种费、饲料费、渔药费、人工费和水电费等，养殖成本及收益情况见表 4-9。

表 4-9　养殖成本及收益情况

	项目	金额（元）
成本	池塘承包费	56 000
	苗种费	284 000
	饲料费	365 000
	渔药费	24 000
	水电费	35 000

（续）

	项目	金额（元）
成本	人工费	40 000
	其他	50 000
	总成本	854 000
收益	产值	1 257 000
	利润	403 000

（4）经验和心得　养殖户从事养殖近 20 年，养殖经验较为丰富。由于是养殖老区，养殖模式比较传统，思想较保守，放养模式略有改进，但总体变化不大，主要品种——草鱼的产量占比不大，与一些主养草鱼的高产区仍然存在较大的差距，但一般不会出现大的养殖事故，在市场不出现大的滑坡情况下，收入较为稳定。在整个养殖周期中，主要做到以下几点。

①坚持鱼池清淤改造，做到进排水方便。

②坚持以冬投为主，投放大规格优质苗种。

③将种青养鱼与投饵养鱼相结合，保持良好的水质。

④坚持早晚巡池，坚持做好"四定""四消"工作。

⑤坚持"防重于治、无病早防、有病早治"的原则，提高养殖成功率。

⑥坚持药饵预防，做到内服外防。

（5）遇到的问题

①多年来，常规品种培育的新品种很少，渴望有耐低氧、抗病的新品种。

②养殖模式的创新和应用进展不大，养殖户往往害怕失败，失败一次，可能会影响多年，希望有成熟的模式体系可以推广应用。

③池塘经过多年的养殖，淤泥较深，池坡坍塌，对养殖生产不利，也影响了收益。

2. 湖北省荆州市大同湖管理区古村河社区养殖户

（1）当地养殖条件　面积为 2 公顷的标准池塘 1 个。进排水系统齐全，水质良好，池塘条件良好。当地养殖草鱼的历史悠久，有完整的技术服务体系，养殖户从事养殖20余年。养殖模式是以草鱼为主的池塘高产养殖模式。喂养方式为传统的草鱼喂养方式，以投饲为主，补充一定量的青饲料。

（2）放养与收获情况　按照当地养殖惯例，在上一年干塘后进行晒塘和冻塘，在放鱼种前20天用生石灰清塘消毒。投放鱼种一般于春节前后水温在10℃左右时进行。放养与收获情况见表4-10。

表4-10　池塘放养与收获情况

养殖对象	放养			收获			
	时间	规格（尾/千克）	尾数（尾）	时间	规格（尾/千克）	成活率（%）	产量（千克）
草鱼		3	22 000		1	75	16 500
鲢		4	5 500		1.2	90	6 000
鳙	2月26日	1.5	800	12月20日	1.5	95	1 140
银鲫		15	15 000		0.25	90	3 375
团头鲂		—	2 000		0.7	90	1 260
其他		—					1 500

（3）养殖效益分析　养殖成本主要包括池塘承包费、苗种费、饲料费、渔药费、人工费和水电费等，具体养殖效益见表4-11。

表4-11　养殖效益表

	项目	单位（元）
成本	池塘承包费	6 500
	苗种费	20 000
	饲料费	60 000
	渔药费	5 000
	人工费	7 000
	水电费	4 000

（续）

	项目	单位（元）
成本	其他	10 000
	总成本	112 500
收益	产值	229 000
	利润	116 500

（4）经验和心得　该养殖模式在传统的以草鱼为主的池塘养殖模式基础上根据市场需求，对草鱼出塘规格进行调整，将原来的大规格改变为现在的小规格（1千克）。从产量和效果来讲，都未达到高产的水平，但这是目前湖北地区普遍采用的一种养殖方式。虽然产量不高，但养殖风险较小，适合池塘老化、劳动力不足、投入较少、池塘租金较低和养殖技术不高的养殖户采用。如果想获得高产，将草鱼和银鲫的放养量加倍，适当增加鲢、鳙和团头鲂的放养量即可。在技术上加强防病治病，增加增氧机的使用频率，采取一次放足、捕大留小或年底一次性捕捞的模式。

3. 湖北省荆州市荆州区川店镇李场村养殖户

（1）当地养殖条件　池塘由农田开挖而来，有17年的养殖历史，周边均为农田，池塘进水依赖于农田灌溉水渠，基本没有断水现象，但在加水时要特别留意农田的农药使用情况，以免进水时把带有农药的水抽进池塘。养殖模式多年来主要是以四大家鱼混养为主，近几年，由于市场变化，逐步转向以草鱼养殖为主。将1个面积为2公顷的大池塘为商品鱼养殖塘。

（2）放养与收获情况　该养殖模式主养草鱼，搭配鲢和鳙，以及少量的银鲫和团头鲂。放养与收获情况见表4-12。

表4-12　放养与收获情况

养殖对象	放养			收获			
	时间（月）	规格（克/尾）	重量（千克）	时间（月）	规格（克/尾）	成活率（%）	产量（千克）
草鱼	3—5	150～250	7 200	12	900～1 250	85	32 100

（续）

养殖 对象	放养			收获			
	时间 （月）	规格 （克/尾）	重量 （千克）	时间 （月）	规格 （克/尾）	成活率 （%）	产量 （千克）
鲫	3—5	50	1 200	12	400～500	90	9 720
鳙	3—5	400～750	3 000	12	1 250～1 500	95	7 980
鲢	3—5	400～500	1 100	12	1 250～1 500	95	2 964
团头鲂	3—5	50	75	12	400～600	90	675

（3）养殖效益分析 养殖成本主要包括池塘承包费、苗种费、饲料费、渔药费、人工费和水电费等，养殖收益情况见表4-13。

表4-13 养殖收益情况

项目		金额（元）
成本	池塘承包费	3 000
	苗种费	86 150
	饲料费	150 380
	渔药费	2 600
	水电费	2 000
	人工费	20 000
	其他	2 000
	总成本	266 130
收益	产值	429 395
	利润	163 265

（4）经验和心得 以混养草鱼为主模式，配备3千瓦增养机3台，投饵机2台，早中晚依据鱼的活跃程度投喂，下雨或气温不正常情况下减少投喂量。经常巡查，调节好水质，提前做好鱼病的预防。有条件的池塘护坡硬化，减少淤泥，降低鱼的发病率。池塘周边最好有其他的灌溉水源，随时注重生态环境和水质调控，如溶解氧、温度、pH。只有掌握鱼与水的关系，以及水

质变化的特点，才能人为控制和改善水质，提高鱼的产量。

（5）遇到的问题

①鱼出现浮头现象，要及时开增氧机，根据不同的情况了解浮头原因，采取相应的改善措施。

②出现鱼不吃食或吃食较少，如果水体溶解氧不高时，开增氧机增氧让水中溶解氧达到正常值；如果水中氨氮过高时，可以采取换水或用生物制剂进行调控。

③市场行情波动较大，对鱼的规格要求不一致，养殖户通常的养殖密度都过大，产量增加了，但收益却并未增加，应适当调整养殖密度，提高商品品质，增加养殖效益。

（6）上市和营销　近年来，四大家鱼价格较低，严重影响了养殖户的积极性，建议错开高峰期上市，选择合适的时间销售；也可提前与合作社签订回收订单。

（四）江西主养草鱼案例

1. 江西省彭泽县太马湖渔场养殖户

（1）当地养殖条件　水电齐全，水质较好，排灌方便。池塘主养草鱼模式，面积1公顷，养殖户是具有丰富养殖经验的养殖专业户，从事养殖15年以上。

（2）放养与收获情况　主养草鱼，搭配鲢、鳙和银鲫，草鱼分2次投放，2—3月投放200～300克/尾的大规格鱼种，8月收获；8月投放200～300克/尾的大规格鱼种后，第二年1月收获。具体放养与收获情况见表4-14。

表4-14　放养与收获情况

养殖对象	放养			收获			
	时间	规格（克/尾）	密度（尾/亩）	时间	规格（克/尾）	成活率（%）	产量（千克）
草鱼	2—3月	200～300	1 400～1 600	8月	1 250～1 500	90	1 890
	8月	200～300	1 200～1 400	第二年1月	1 000～1 250	80	1 144

（续）

养殖对象	放养			收获			
	时间	规格（克/尾）	密度（尾/亩）	时间	规格（克/尾）	成活率（%）	产量（千克）
鳙	2—3月	300	400	8月	1 750	85	250
				第二年1月	1 750		265
鲢	2—3月	200	100	8月	1 500	85	79
					1 500		66
银鲫	2—3月	30	1 000	第二年1月	350~400	80	202

（3）养殖效益分析　养殖成本主要包括池塘承包费、苗种费、饲料费、渔药费、人工费和水电费等，每亩养殖成本与效益分析见表4-15。

表4-15　养殖成本与效益情况

	项目	金额（元）
成本	池塘承包费	800
	苗种费	6 000
	饲料费	14 790
	渔药费	100
	水电费	200
	人工费	6 400
	其他	100
	总成本	28 390
收益	产值	33 656
	利润	5 266

（4）经验和心得　根据目前市场对草鱼规格的要求，决定将草鱼的商品规格调整为1~1.5千克；结合市场需求规律，在8月上市可以获得较好的收益；坚持鱼池清淤改造，冬季晒池和冻池；第一次投放鱼种时尽量早一些；以投喂青草与投饵相结合的方式，降低投饵率，节约养殖成本；坚持早晚巡池，坚持"四定""四看"和

"四消"工作；根据天气和鱼的活动情况合理使用增氧机。

（5）养殖特点

①池塘护坡采用自然护坡，以缓解水质恶化。

②及时打捞池塘中鱼没吃完的青饲料残渣。

③每隔 10～15 天投喂中草药药饵一次。

④在池水老化之前换水或泼洒改水剂。

⑤定时泼洒益生菌或维生素 E。

（6）遇到的问题

①市场波动较大，直接影响收入，希望能创立地方品牌稳定鱼价。

②希望进行专业化分工养殖，如鱼种专养、食用鱼专养，这样可以使养殖更为专业，保证成鱼养殖的鱼种供应，形成鱼类养殖完整的供应链。

2. 江西省彭泽县太马湖渔场

（1）当地养殖条件　水电齐全，水质较好，排灌方便。池塘主养草鱼模式，面积 1 公顷，养殖户是具有丰富养殖经验的养殖专业户，从事养殖 15 年以上。

（2）放养与收获情况　该渔场主养草鱼，搭配大规格的鲢和鳙，适当搭配鲫养殖，放养时间均为 2—3 月，鲢和鳙在 8 月规格达到 1 500 克时收获，草鱼和鲫均在第二年收获上市。具体放养与收获情况见表 4-16。

表 4-16　池塘放养情况

养殖对象	放养			收获			
	时间	规格（克/尾）	密度（尾/亩）	时间	规格（克/尾）	成活率（%）	产量（千克）
草鱼	2—3 月	100	2 500	第二年 1 月	1 000～1 250	80	2 323
鳙	2—3 月	300	400	8 月	1 750	85	595
鲢	2—3 月	200	100	8 月	1 500	85	125
鲫	2—3 月	30	1 000	第二年 1 月	350～400	80	232

（3）养殖效益分析　养殖成本主要包括池塘承包费、苗种费、饲料费、渔药费、人工费和水电费等，每亩养殖成本与效益分析见

表 4-17。

表 4-17   养殖成本与效益情况

	项目	金额（元）
成本	池塘承包费	800
	苗种费	3 260
	饲料费	12 450
	渔药费	100
	人工费	6 400
	水电费	250
	其他	200
	总成本	23 460
收益	产值	28 142
	利润	4 682

（五）浙江主养草鱼案例

1. 浙江龙和水产养殖开发有限公司寺后养殖基地

（1）当地养殖条件 浙江龙和水产养殖开发有限公司是一家集鲜活淡水产品销售、养殖、新技术推广、新兴渔业开发等于一体的省级农业龙头企业，现有 7 个"西湖醋鱼"原料鱼生态养殖基地，养殖面积达 1 500 亩，年产"西湖醋鱼"原料草鱼 2 500 吨。本案例养殖池塘为该公司养殖基地 4 号塘，面积 17 亩，平均水深2.7 米。

（2）放养与收获情况 主养对象为草鱼，同时搭配鲢和鳙。在 2 月每亩放养 25 克/尾草鱼 16 700 尾，250 克/尾鲢 70 尾，150 克/尾鳙 55 尾。8—12 月草鱼通过轮捕轮放集中上市，12 月清塘起捕鲢、鳙，其中草鱼产量 59 600 千克，鲢 2 160 千克，鳙 1 680 千克。各养殖品种放养及收获的时间、规格、数量等见表 4-18。

表 4-18　放养与收获情况

养殖对象	放养			收获			
	时间（月）	规格（克/尾）	密度（尾/亩）	时间（月）	规格（克/尾）	成活率（%）	产量（千克）
草鱼	2	25	16 700	8—12	200～1 000	70	59 600
鲢	2	250	70	12	2 000	90	2 160
鳙	2	150	55	12	2 000	90	1 680

（3）养殖效益分析　养殖成本包括池塘承包费、苗种费、饲料费、渔药费、人工费、水电费以及其他养殖过程中发生的直接或间接费用，共计 492 200 元，其中饲料、苗种的费用占成本的87.0%。收益为草鱼、鲢、鳙销售所得，共计 658 900 元，养殖利润为 166 700 元，具体见表 4-19。

表 4-19　养殖收益情况

	项目	金额（元）
成本	池塘承包费	10 000
	苗种费	82 000
	饲料费	346 700
	渔药费	6 000
	水电费	27 500
	人工费	20 000
	总成本	492 200
收益	产值	658 900
	利润	166 700

（4）经验和心得

①池塘准备工作要到位，池塘进水前，每亩用生石灰 100～150千克化成石灰浆全池泼洒或用漂白粉每亩 20 千克全池泼洒消毒。

②引进鱼苗后先暂养，在水温 10℃以上的晴好天气注射草鱼出血病灭活疫苗，可大大提高成活率。

③6—9 月，每周使用芽孢杆菌、光合细菌、乳酸菌、EM 菌

等微生态制剂调节水质，促进水质的藻相-菌相达到平衡，使水质保持健康稳定，为实现养殖高产提供环境基础。

④鱼病预防重于治疗，常规预防为每月使用三黄散及应激灵等中草药拌料内服，同时注意草鱼常见疾病的预防，如烂鳃病、肠炎病、细菌性出血病、车轮虫病、指环虫病、锚头鳋病等。

⑤通常养殖鱼塘的总载鱼量在 1 000～1 250 千克/亩，故要实现高产高效必须实行轮捕轮放养殖模式。配套建有鱼苗暂养池、鱼苗强化育成池、后备鱼种培育池，1 年放养 4 批次的后备鱼种，每次捕捞 1 500～5 000 千克，通过多次分级捕大留小、多次补苗的方法使池塘利用率最大化。

（5）养殖特点 草鱼高产高效养殖技术原理是通过"科学放养、科学捕捞、科学销售"改变了传统的草鱼粗放养殖方法，使养殖效益大幅提高。同时，养殖基地在新技术的应用方面采用草鱼鱼苗免疫、增氧养殖、轮捕轮放、水体生物菌净化等先进的水产养殖技术，达到生态洁水养殖效果，使养殖草鱼平均亩产可达 2 000 千克。

（6）遇到的问题

①生长高峰期过度投饲，池塘水体溶解氧低于 3 毫克/升，导致水质恶化，影响正常生长。

②由于电力问题，增氧设施无法及时开启，时常出现浮头现象，养殖风险加剧。

③生长过程中由于养殖病害检测频率不够，未及时进行鱼类体表及肠道显微镜检，待症状明显时再进行治疗，效果不佳，造成一定的损失。

（7）上市和营销 公司常年从事淡水鱼购销业务，产品除在本省销售外，还远销江西、福建、湖南、江苏、安徽、山东、广东、天津、湖北、河北和河南等省份，年销售鲜活淡水鱼 1.5 万吨，其中"西湖醋鱼"原料鱼销售 3 000 吨，占杭城"西湖醋鱼"原料鱼供应量的85％左右。通过轮捕轮放实现多级均匀规格（0.6～0.8 千克/尾）上市。

2. 浙江开化渔趣家庭农场养殖基地

（1）当地养殖条件 浙江开化清水鱼养殖历史悠久、源远流长，明末清初开化农民为了解决吃鱼难问题，在溪边、田边、路边、山坑边、房边或屋内天井中挖土砌石成池，引流水养鱼。坑塘面积 5～20 米²，水深 0.3～1 米，设进出水口，引溪水、山坑水或泉水入塘，池水不断流动，以补充氧气。鱼苗以草鱼为主，每平方米放养 2～3 尾，轮放轮捕，可常年捕食。此习相沿至今。因特殊的地理环境和优质的水源，以及较低的平均水温，当地养殖的草鱼肉质特别鲜美，口感极佳，营养较为丰富，深受本地及来自省内外游客的喜爱（彩图 39 至彩图 44）。

渔趣家庭农场是专业从事清水鱼养殖和销售以及餐饮、娱乐、住宿的省级示范性家庭农场，该农场占地面积 10 亩，按照《山区坑塘流水养鱼技术规范》（DB 33/T 559—2015）要求，用石块砌筑或混凝土浇筑标准化清水鱼流水坑塘 20 个，面积 400 米²，塘埂顶宽 1.0～2.0 米，塘深 1.0～1.8 米，设置控制水位的拦鱼栅帘。该案例以面积 400 米² 的单个坑塘进行介绍。

（2）放养与收获情况　该模式是典型的开化清水鱼养殖模式，当年 11 月按照 5 尾/米² 的养殖密度放养，规格为 800 克/尾；第二年 8—9 月收获，成活率为 80%，收获时规格为 1 000 克/尾。

（3）养殖效益分析　成本包括池塘承包费、苗种费、饲料费、渔药费、人工费、水电费以及其他养殖过程中发生的直接或间接费用，根据当年上市销售情况，核算出总产值和利润，具体见表 4-20。

表 4-20　养殖收益情况

	项目	金额（元）
成本	池塘承包费	600
	苗种费	21 000
	饲料费	1 000
	渔药费	300
	人工费	12 000
	总成本	34 900

（续）

项目		金额（元）
收益	产值	64 000
	利润	29 100

（4）经验和心得

①选择大规格鱼种放养。该模式注重品质提升而不过分追求产量的增加，放养 600～1 000 克/尾的商品鱼作为鱼种效果最佳。

②流水坑塘顺地势开挖砌筑，保持 3°～5°的斜坡向排水口倾斜，无滞水区，并使水形成一定的流速。塘底应以砂石或砂壤石为宜，保证流水坑塘接近天然溪流的生长环境。

③养殖过程中投喂青草。全程以天然青草为饲料，可适当种植青草以保证草鱼生长需要。通过改变草鱼食性达到提升品质的效果。

④养殖用水以山区溪流水为最佳，常年不断流，水温保持在 8～25℃，夏季高温须遮阳防晒。

⑤控制外源性养殖病害。山区流水水质优良，常年达到地表水Ⅰ、Ⅱ类水质，故病害较少，内生性病原以水霉和小瓜虫为主。外源性病害主要是由商品鱼带入，因此做好源头防控十分必要。

（5）养殖特点　该模式秉承"人与自然和谐发展"的生态理念，利用溪流山泉等自然资源，在房前屋后，挖坑筑塘，引水养殖。品种以草鱼为主，残渣通过搭配养殖的少量鲤或鲫消耗，或定期捞出。塘底少量淤泥又可作为草肥，形成循环农业生态养殖系统。养殖坑塘面积较小（30～120 米²），常年流水不断，全程投喂新鲜、适口的青饲料，降低鱼体脂肪含量，提高肉质紧凑度和鲜味。

（6）遇到的问题

①放养大规格鱼种，避免因机械损伤导致应激反应强、适应性差而易发生疫病，继而影响成活率和品质。

②由于浙西山区易受洪涝灾害，养殖坑塘离溪流较近，溪水暴

涨后发生倒灌导致鱼类逃逸、损伤。

③市场需求旺盛,当地个别养殖户受利益驱使,未按要求进行养殖,以次充好,对产品口碑造成负面影响。

(7)上市和营销　近年来,在政策引导和市场需求带动下,开化清水鱼产业步入发展快车道,先后通过无公害、绿色、有机认证,是浙江省名牌产品,在浙江、上海等地有较高的知名度,市场供不应求,收购价在 40 元/千克左右。目前以"订单式"销售模式为主,同时探索出通过期权认购售卖"期权鱼"的模式,将未来两三年的鱼提前卖出,以销带养,推动清水鱼发展,已经成为浙江省践行"绿水青山就是金山银山"的典型案例。

(六)西北地区以草鱼为主的养殖模式案例

1. 当地养殖条件

陕西省渭南市合阳县渔业基地幸福渔场,池塘历史较长,池埂有坍塌的现象,自然护坡,池塘面积为 25 亩,水深 1.5~2.0 米。采取的养殖模式为改良的 80:20 养殖模式。该养殖场为合阳县渔业基地,有完善的技术服务队伍,养殖户从事鱼类养殖多年,有丰富的养殖经验。

2. 放养与收获情况

该渔场主要养殖草鱼,搭配养殖鳙、鲂和异育银鲫,每年 4 月一次性投放苗种,当年 12 月至第二年 1 月一次性收获,具体放养与收获情况见表 4-21。

表 4-21　池塘放养情况

养殖对象	放养			收获			
	时间(月)	规格(克/尾)	密度(尾/亩)	时间	规格(克/尾)	成活率(%)	产量(千克)
草鱼	4	120~150	1 700	12月至翌年1月	800~1 200	90	30 300
鲂	4	200~250	100	12月至翌年1月	1 000~1 500	95	1 850
鲢	4	200~250	40	12月至翌年1月	750	90	675

（续）

养殖对象	放养			收获			
	时间（月）	规格（克/尾）	密度（尾/亩）	时间	规格（克/尾）	成活率（%）	产量（千克）
异育银鲫	4	25	500	12月至翌年1月	250	90	2 800

3. 养殖效益分析

成本主要包括池塘承包费、苗种费、饲料费、渔药费、人工费、水电费以及其他养殖过程中发生的直接或间接费用，根据当年上市销售情况，核算出总产值和利润。养殖效益分析见表4-22。

表4-22 养殖成本与收益

	项目	金额（元）
成本	池塘承包费	10 000
	苗种费	51 310
	饲料费	178 200
	渔药费	1 300
	人工费	20 000
	水电费	8 500
	其他	500
	总成本	269 810
收益	产值	354 225
	利润	84 415

4. 经验和心得

该养殖模式的放养密度对西北地区来讲，属于较高的一类，要求养殖户有较为丰富的经验。该模式还可以采取一次性放足、多次捕捞的方法，如在8月捕捞一次，捕大留小，有利于个体小的加速生长，增加养殖产量。由于西北地区水源短缺，不宜频繁加水换水，可以适当加大鲢和鳙的放养量，有利于调节水质。电力保障是此模式成功的关键，须配备小型发电机。注意鱼病预防，特别是中草药药饵的投喂，可以增强草鱼的抗病力，最好注射疫苗。

二、池塘主养青鱼案例

(一) 500～2 500 克/尾池塘养殖模式

1. 当地养殖条件

湖北省荆州市沙市区关咀乡养殖户,从事养殖近 20 年,从事青鱼养殖 10 年,养殖经验较为丰富。池塘紧靠湖北省第三大湖泊——长湖,水质优良,水源充足,池塘设施齐备。当地有专养青鱼的传统,通常有两种养殖模式,一种是把 500 克/尾鱼种经过一个养殖周期,养至 2 500 克/尾左右;另一种是把 2 500 克/尾的大规格鱼种养至 5 500 克/尾左右。本案例为由 500 克/尾养至 2 500 克/尾的池塘养殖模式。养殖池塘面积 20 亩,自然护坡,池深 2.5 米,水深 2 米,池底淤泥 30 厘米。

2. 放养与收获情况

该模式主养青鱼,搭配鲢和鳙,青鱼和鳙的放养规格均为 500 克/尾,鲢为 400 克/尾,一般在 3 月左右放养,第二年 1 月收获,具体放养与收获情况见表 4-23。

表 4-23　放养与收获情况

养殖对象	放养			收获			
	时间(月)	规格(克/尾)	密度(尾/亩)	时间(月)	规格(克/尾)	成活率(%)	产量(千克)
青鱼	3	500	500	1	2 500	95	1 369
鳙	3	500	300	1	1 500	95	430
鲢	3	400	80	1	1 000	95	76

3. 养殖效益分析

养殖成本主要包括池塘承包费、苗种费、饲料费、渔药费、人工费、水电费以及其他养殖过程中发生的直接或间接费用等,根据当年上市销售情况,核算出总产值和利润。每亩池塘的养殖成本与收益见表 4-24。

表 4-24　养殖成本与收益

	项目	金额（元）
成本	池塘承包费	1 000
	苗种费	6 124
	饲料费	11 880
	渔药费	500
	人工费	5 000
	水电费	500
	其他	800
	总成本	25 804
收益	产值	35 448
	利润	9 644

4. 经验和心得

（1）青鱼属于底层鱼类，虽然在自然条件下它对蛋白质含量要求较高，但在人工喂养条件下，蛋白质含量不低于35%即可，这样可以大大节约饲料成本。另外，根据青鱼的摄食习惯，应该投喂沉性颗粒料，实际上，青鱼通过简单的驯食，可以摄食浮性饲料，从而减少饲料的浪费。

（2）不要轻易调整养殖模式，往往市场需求是呈动态变化的，如果因为一年的价格问题而调整放养模式，不仅影响当年，还会影响第二年，甚至对以后的养殖造成不利影响。

（3）根据自己的技术经验选择放养模式，随着养殖的精细化和专业化，力求在一个或两个养殖模式上做到最好。

5. 养殖技术要点

（1）在高密度养殖条件下，水质是养殖成败的关键，不仅会影响鱼类成活率，也会影响鱼类生长速度，对产品质量的影响也较大，因此应加强水质的调控和改善。

（2）疾病预防在整个养殖中颇为重要，喂养过程中适当投喂药饵，以中草药为好。

（3）冬季清淤、晒池和冻池不可少，放鱼前的清塘消毒必须仔细；坚持"四定"和"四看"，防止鱼摄食过量。

6. 上市和营销

近年来，当地成立了专业合作社，从鱼种购买到成鱼销售都由合作社协助完成，养殖户效益提高，增加了收益。

（二）2 500～5 500 克/尾池塘养殖模式

1. 当地养殖条件

湖北省荆州市沙市区关咀乡养殖户，从事青鱼养殖 10 年。池塘紧靠湖北省第三大湖泊——长湖，水质优良，水源充足，池塘设施齐备。本案例为将鱼从 2 500 克/尾养至 5 500 克/尾的池塘养殖模式（图 4-8）。养殖池塘面积 30 亩，自然护坡，池深 2.5 米，水深 2 米，池底淤泥 30 厘米。

图 4-8　青鱼养殖池塘

2. 放养与收获情况

该模式为 3 月放养 2 500 克/尾的青鱼，搭配放养规格为 500 克/尾的鳙和 400 克/尾的鲢，第二年 1 月青鱼达到 5 500 克/尾时收获。具体放养与收获情况见表 4-25。

表 4-25　放养与收获情况

养殖对象	放养			收获			
	时间（月）	规格（克/尾）	密度（尾/亩）	时间	规格（克/尾）	成活率（%）	产量（千克）
青鱼	3	2 500	400	第二年 1 月	5 500	99	2 150
鳙	3	500	280	第二年 1 月	1 500	95	410
鲢	3	400	100	第二年 1 月	1 000	95	91

3. 养殖效益分析

成本主要包括池塘承包费、苗种费、饲料费、渔药费、人工费、水电费以及其他养殖过程中发生的直接或间接费用等，根据当年上市销售情况，算出总产值和利润。每亩池塘的养殖成本和收益情况见表 4-26。

表 4-26　养殖收益情况

	项目	金额（元）
成本	池塘承包费	1 000
	苗种费	21 580
	饲料费	11 350
	渔药费	500
	水电费	800
	人工费	6 000
	其他	800
	总成本	42 030
收益	产值	50 126
	利润	8 096

4. 经验和心得

同 500～2 500 克/尾池塘养殖模式。

5. 养殖技术要点

同 500～2 500 克/尾池塘养殖模式。

6. 上市和营销

同 500~2 500 克/尾池塘养殖模式。

(三) 1 500~5 000 克/尾池塘养殖模式

1. 当地养殖条件

湖北省枝江市江口渔场养殖户，从事养殖近 30 年，从事青鱼养殖 5 年，养殖经验较为丰富。池塘养殖区域紧靠湖泊，当地水网布置合理，水质优良，水源充足，设施齐备。当地原没有单养青鱼的习惯，后结合本地的消费习惯，建立了 1 500~5 000 克/尾池塘养殖模式，即将规格 1 500 克/尾的个体养至 5 000 克/尾的池塘养殖模式。养殖池塘面积 25 亩，自然护坡，池深 2.5 米，水深 2 米，池底淤泥 30 厘米。

2. 放养与收获情况

该模式是在青鱼专养的两种养殖模式的基础上优化调整确定的，一般是 2 月左右放养，每亩放养 1 500 克/尾青鱼 350 尾，12 月收获，池塘搭配养殖鲢和鳙，每亩放养 500 克/尾的鲢 260 尾、400 克/尾的鳙 100 尾。具体放养与收获情况见表 4-27。

表 4-27   放养与收获情况

养殖对象	放养			收获			
	时间（月）	规格（克/尾）	密度（尾/亩）	时间（月）	规格（克/尾）	成活率（%）	产量（千克）
青鱼	2	1 500	350	12	5 000	99	1 635
鲢	2	500	260	12	1 750	95	410
鳙	2	400	100	12	1 500	95	140

3. 养殖效益分析

养殖成本主要包括池塘承包费、苗种费、饲料费、渔药费、人工费、水电费以及其他养殖过程中发生的直接或间接费用等，根据当年上市销售情况核算总产值和利润。每亩池塘养殖的成本与收益见表 4-28。

表 4-28　养殖成本与收益

项目		金额（元）
成本	池塘承包费	1 000
	苗种费	11 100
	饲料费	10 800
	渔药费	500
	水电费	550
	人工费	4 500
	其他	750
	总成本	29200
收益	产值	36 410
	利润	7 210

4. 经验和心得

（1）由于水源充足，经过几年的摸索确定了放养密度，养殖密度较大，同时采取了相应的增氧措施，但在天气恶劣时溶解氧也会存在一定的风险，因此在此时会加大换水量，平时每隔 5～10 天加水，换水 15 厘米左右。另外使用微生态制剂加强对水质的调控。

（2）每年冬季清淤 1 次，并在放鱼之前清塘消毒。

（3）投喂采取定量供应，严格遵循"四定"和"四看"原则，防止青鱼暴食。

（4）防止"泛塘"事故的发生，坚持夜晚巡塘，白天时常观察鱼类活动情况，实时监测水体的溶解氧。

（5）每 10 天投喂 1 次拌有中草药的药饵。

第二节　池塘工程化循环水环保养殖技术

一、广东主养草鱼案例

1. 当地养殖条件

广州市南沙区广州中心沟水产有限公司，在 50 亩池塘中构筑

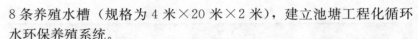

8条养殖水槽（规格为4米×20米×2米），建立池塘工程化循环水环保养殖系统。

2. 放养情况

在系统中放养规格平均为500克/尾的大规格草鱼，在每条水槽中放养1万尾，共放养8万尾草鱼，使用蛋白含量为28%的膨化饲料，养殖50～60天，草鱼可生长至0.9～1.1千克/尾，每条水槽容纳量控制在1万千克，每年可生产4批次。

3. 收益情况

该系统年产量约300吨，净重147.5吨，其他杂鱼28.5吨，毛利润约100万元，该系统养殖过程中没有向外排水，基本可实现零换水养殖。

4. 经验和心得

池塘工程化循环水环保养殖技术实现了养殖设施装备标准化、机械化、自动化，使养殖全过程安全可控，大大节省了劳动力成本，提高了生产效率。经过循环水养殖的草鱼，体形修长、鳞紧肉实、肉质鲜美、爽口细滑。

二、陕西主养草鱼案例

1. 当地养殖条件

陕西省渭南市合阳县渔业基地龙祥养殖场（图4-9），按照槽

图4-9　池塘工程化养殖场

道设计要求，在面积为 50 亩的池塘内建设了 5 个槽道，每个槽道有微孔增氧、自动投饵机及增氧推水，外池塘配备 2 台推水机。

2. 放养与收获情况

该养殖场共有 5 条槽道，每个槽道面积为 110 米^2，槽道内养殖草鱼和加州鲈，槽道外池塘养殖鲢和鳙以净化水质。草鱼于每年 4 月放养，12 月收获；加州鲈则于 5 月放养，10 月收获。放养和收获的种类、时间、规格、数量等见表 4-29。

表 4-29　放养与收获情况

种类	放养				收获			
	时间（月）	规格（克/尾）	密度		时间（月）	规格（克/尾）	成活率（%）	产量（千克）
草鱼	4	100	115～135 尾/米^2		12	1 000～1 250	80	48 400
加州鲈	5	40	0.8 尾/米^2		10	400～600	85	5 882
鲢	4	250～700	183.7 千克/亩		12	1 250～1 500	90	18 630
鳙	4	500	45.9 千克/亩		12	1 500	90	6 075

3. 养殖效益分析

养殖成本包括池塘承包费、苗种费、饲料费、渔药费、人工费、水电费以及其他养殖过程中发生的直接或间接费用等，基于当年上市销售情况，核算总产值和利润，具体养殖成本与收益情况见表 4-30。

表 4-30　养殖成本与收益情况

项目		金额（元）
成本	池塘承包费	40 000
	苗种费	187 000
	饲料费	167 552
	渔药费	5 000
	水电费	182 000
	人工费	50 000
	其 他	20 000
	总成本	651 552

（续）

项目		金额（元）
收益	产值	877 896
	利润	226 344

4. 经验和心得

（1）由于草鱼养殖效益不高，尝试用一个槽道养殖加州鲈。通过加州鲈养殖也表明水产养殖的灵活性，可以根据市场更换养殖品种。

（2）由于在水槽放养草鱼时，有少量草鱼进入外池塘，导致生物浮床调节水质效果不佳，水质调节主要依靠微生物制剂。

（3）由于槽内养殖密度大，溶解氧的来源主要靠增氧，粪便及残饵的清除要靠推水来完成，电力保障成为养殖的关键。

（4）通过养殖设施的运行和对市场的了解，为提高养殖收益，填补市场断档供应，可适当调整放养时间和出塘时间，既可以满足不同时期的市场供应，也可增加养殖收益。

（5）要充分利用鲢和鳙的改水及蛋白转化功能，可以适当增加其放养量。

（6）做好病害预防，在每年冬季必须晒池、冻池并清塘消毒；养殖期内药饵的投喂必不可少；槽内及外池塘也要定期消毒，并泼洒用于水质调节的微生物制剂。

5. 养殖特点

本养殖模式为设施渔业，是设施与池塘生态作用的一个完美结合，一次性投入较大，属于一种高投入、高收益的养殖方式。在养殖过程中的一些喂养和管理方法与池塘养殖有很大的区别，对于养殖人员的技术与责任心要求更高。

6. 遇到的问题

（1）由于一次性投入过大，每年的投入也较高。

（2）由于电力需求量较大，且不能中断，在一般养殖区，电力供应是无法完全保证的，应配备发电机。

（3）由于鱼种一次性需求量较大，建议配备一定的鱼种池，保证系统的正常生产。

（4）建议制定水槽养殖规范，使水槽养殖生产标准化、操作规范化，提高产品质量。

7. 上市和营销

由于水槽养殖的出货量较大，最好能与当地大超市签订销售合同，定点、长期供应；也可与有实力的水产品销售企业或经纪人签订合同，实现订单式生产。

三、安徽主养草鱼案例

1. 当地养殖条件

安徽颍上县家庭农场，该场使用 30 亩水面建设 4 个养殖水槽，其中 3 个水槽用来养殖草鱼，每个养殖水槽宽 5 米、长 22 米，面积 110 米^2，槽深 2.3 米。养殖槽水深为 1.8 米，每个蓄水量约 198 米^3。

2. 放养与收获情况

三个养殖水槽均在 3 月放养草鱼，两个水槽放养 66.7 克/尾的草鱼，密度 110 尾/米^2；另外一个放养 55.6 克/尾的草鱼，密度 145 尾/米^2。12 月收获，总产量为 34 500 千克。具体放养和收获情况见表 4-31。

表 4-31　放养与收获情况

养殖槽	养殖对象	放养			收获			
		时间（月）	规格（克/尾）	密度（尾/米^2）	时间（月）	规格（克/尾）	成活率（%）	产量（千克）
1	草鱼	3	66.7	110	12	1 060	90.0	11 500
2	草鱼	3	66.7	110	12	1 110	90.0	12 000
3	草鱼	3	55.6	145	12	920	75.0	11 000

3. 养殖效益分析

养殖成本主要包括池塘承包费、苗种费、饲料费、渔药费、人工费、水电费以及其他养殖过程工程折旧费用等。根据当年上市销售情况得出养殖效益，养殖成本与效益情况见表4-32。

表4-32　养殖成本与效益情况

项目	1号槽（元）	2号槽（元）	3号槽（元）
池塘承包费	4 000	4 000	4 000
苗种费	12 000	12 000	13 500
饲料费	78 000	78 000	78 000
渔药费	50	50	50
人工费	7 500	7 500	7 500
水电费	5 000	5 000	5 000
工程折旧	7 000	7 000	7 000
总成本	113 550	113 550	115 050
利润	40 600	47 300	32 400

用30亩池塘建设3个槽道进行养殖，累计利润为12.03万元，平均4 010元/亩。

4. 经验和心得

（1）养殖商品草鱼有较好的盈利，整体效益好（外塘鲢和鳙及其他品种尚未计算收益）。

（2）使用粗蛋白含量为32%的高质量的饲料，鱼体生长快，饵料系数低，排出的粪便量大为减少，大大减轻养殖系统的净化压力。

（3）废弃物收集管理认真，每次投喂后，都进行收集粪便，整体收集率较高，水质保持良好。

（4）白天根据溶解氧情况，大部分时间只开2~3台增氧推水设备，阴雨天开4台增氧推水设备，节约用电。

（5）外塘净化区没有种植水生植物，没有投放螺、蚌，外塘经常使用EM菌净化水质。投放鲢和鳙的数量偏多（投放规格11尾/千克的鳙7 700尾，500克/尾的鲢2 000尾，150尾/千克的鲢200

尾），水质属于普通水质，总产量仍有提高的空间。

四、浙江主养草鱼案例

1. 当地养殖条件

该模式以"大塘养水、槽道养鱼"为理念，是池塘养殖、流水养殖和设施渔业三者的融合，是对 80：20 池塘养鱼模式的技术转型与升级。浙江龙和水产养殖开发有限公司养殖基地建设有 8 条槽道，材质为 PVC 复合材料，每条槽道规格为 22 米×5 米×2.2 米，有效水体为 220 米³/条，外塘面积 47 亩。

2. 放养与收获情况

4 月在槽道中放养草鱼和黄金鲫，其中 2 个槽道用于养殖草鱼，6 个槽道养殖黄金鲫，外塘放养鲢、鳙调节水质，9—11 月为草鱼和黄金鲫商品鱼集中上市时间，12 月起捕外塘鲢、鳙。放养及收获情况见表 4-33。

表 4-33 放养及收获情况

养殖对象	放养			收获			
	时间（月）	规格（克/尾）	密度	时间（月）	规格（克/尾）	成活率（%）	产量（千克）
草鱼	4	62.5	250～273 尾/米²	9—11	450～850	90	38 400
黄金鲫	4	25～83	288～303 尾/米²	9—11	300～600	95	93 600
鲢	4	250	18 千克/亩	12	2 250	90	7 200
鳙	4	150	7.7 千克/亩	12	2 000	90	4 800

3. 养殖效益分析

成本包括池塘承包费、苗种费、饲料费、渔药费、人工费、水电费以及其他养殖过程中发生的直接或间接费用，共计 1 231 020 元，其中饲料、苗种及水电的费用占成本的 88.3%。收益为草鱼、黄金鲫、鲢、鳙销售所得，共计 1 532 940 元，其中鲢、鳙产值 84 000 元，草鱼产值 384 000 元，黄金鲫产值 1 064 940 元。养殖利润为 301 920 元。具体见表 4-34。

表 4-34 养殖收益情况表

	项目	金额（元）
成本	池塘承包费	48 000
	苗种费	224 600
	饲料费	718 420
	渔药费	6 000
	水电费	144 000
	人工费	60 000
	其他	30 000
	总成本	1 231 020
收益	产值	1 532 940
	利润	301 920

4. 经验和心得

（1）8 个槽道配备完备的气提式推水系统、自动投饵机、底增氧系统、底排污系统、水车式增氧机、备用发电机等设施设备。

（2）在原有池塘循环流水养殖模式的基础上，通过水面种青、放养滤食性鱼类、使用微生态制剂等措施进行外塘生态系统的构建与优化。

（3）通过底排污技术运用，设置挡污墙、帆布斜挡板等，并采取适时放养鱼种、科学配比饲料蛋白等措施，可有效提高槽道养殖的综合效益。

（4）2 条槽道养殖草鱼，6 条槽道养殖黄金鲫，实现多品种养殖，避免单一品种养殖的风险。同时还能进行同品种多规格的养殖，均匀上市，加速资金的周转。

（5）鱼种放养时须适时减缓推水流速，避免鱼种因过度应激消耗体力，影响摄食。

（6）由于养殖密度高，投饵量大，实际生产中，养殖水体易出现低溶解氧、高亚硝酸盐氮的情况，须通过调节底排污频率、加开增氧设施、使用微生态制剂（EM 菌）、在外塘种植水生植物等措施提高水体溶解氧，促进硝化作用，从而有效改善水质。

（7）养殖过程中，坚持"预防为主、防治结合"的原则，定期做好水体消毒。消毒时，降低水流速度以增加药效，交换使用多种消毒剂，以提高防病的效果，并根据水质状况进行水质调节，减少养殖鱼类的应激反应。

（8）根据市场行情和养殖场的条件，在生产过程中可在 9 月增补适量鱼种进行二茬养殖，提高养殖效益。

5. 养殖特点

在池塘中设置"跑道"，并在水槽内开展高密度流水养鱼，这种养殖模式通过"大水体养水、小水体养鱼"，不仅可减少病害发生和药物的使用，提高水产品的安全性，还能有效地收集养殖鱼类的排泄物和残剩的饲料，在提高水产品产量和品质的同时，从根本上解决了养殖水体富营养化和自身污染问题，实现零水体排放，保护养殖环境，具有较好的推广前景。另外特别要注意池塘大循环的水质管理，要建设相应推水设施，保证池塘大循环水体微流状态，同时注重外塘种植水生植物，搭养鲢、鳙等滤食性鱼类调节水质，保障大水体水质良好。

6. 遇到的问题

（1）由于养殖密度大，养殖高峰期的外塘水质易出现溶解氧较低、亚硝酸盐偏高等问题，此时宜在外塘增设增氧设备，提高水体溶解氧，保证水质健康。

（2）外塘净化区荷花种植数量过多，导致遮光面积过大从而影响外塘溶解氧。须合理控制外塘荷花数量并定期清理。

（3）吸污系统效率不高，需要优化。养殖过程产生的残饵、粪便不能有效从水体中移除，导致养殖高峰期水质变差，须适当增加吸污频率。

（4）流水养殖槽中投喂的饲料蛋白质含量偏低（28%），导致饵料系数偏高。考虑到槽内养殖鱼类能量消耗大，可投喂蛋白质含量较高的草鱼饲料。

7. 上市和营销

槽道养殖的草鱼规格均匀、产量稳定且起捕方便。该公司基地养殖的草鱼作为"西湖醋鱼"原料鱼长期供应大型超市、餐厅，但在售价上与常规池塘养殖草鱼无显著优势，须加强品牌建设，积极宣传槽道养殖鱼类的优点，提高产品单价。

第三节　大水面养殖

一、湖泊养殖案例

（一）小型湖泊养殖

小型湖泊养殖以陕西省汉中市汉台区铺镇南池村水库养殖为例。

1. 当地养殖条件

陕西省汉中市汉台区铺镇南池村养殖户，养殖条件良好，采用水库精养模式，面积 30 公顷，水域开阔，养殖用水来源于褒河水库，水质良好，周边环境优美。

2. 放养与收获情况

水库里主要放养草鱼、鲤、鲢、鳙和斑点叉尾鮰，一般是 1 月放养，当年 12 月收获，养殖周期约为 1 年，具体放养与收获情况见表 4-35。

表 4-35　放养与收获情况

养殖对象	放养			收获			
	时间（月）	规格（克/尾）	密度（尾/亩）	时间（月）	规格（千克/尾）	成活率（%）	产量（千克）
草鱼	1	250	750	12	1	85	225 000

（续）

养殖对象	放养			收获			
	时间（月）	规格（克/尾）	密度（尾/亩）	时间（月）	规格（千克/尾）	成活率（%）	产量（千克）
鲤	1	250	300	12	1	90	90 000
鲢	1	350	300	12	1	90	90 000
鳙	1	350	150	12	1.3	85	45 000
斑点叉尾鮰	1	200	80	12	1	70	22 500

3. 养殖效益分析

养殖成本包括承包费、苗种费、饲料费、渔药费、人工费、水电费以及其他养殖过程中发生的直接或间接费用等，基于上市销售情况，核算总产值和利润，30公顷水库的养殖成本与收益情况见表4-36。

表4-36　效益分析表

项目		金额（元）
成本	池塘承包费	1 200 000
	苗种费	120 000
	饲料费	1 080 000
	渔药费	50 000
	水电费	30 000
	人工费	150 000
	其他	96 000
	总成本	2 726 000
收益	产值	3 120 000
	利润	394 000

4. 经验和心得

（1）水库精养在陕西汉中较为普遍，养鱼收益日渐下滑。基于此背景，根据水库水面较大、水质较好的特点，选择主养草鱼，采取"一次放足、捕大留小"的养殖模式。

（2）注重硬件设施的建设。水库是石门水库下游重要的灌溉库，近几年利用水利项目加固了水库坝坎，重新修筑了溢洪道，保证了汛期养殖安全；依托水库优美的水环境，积极发展休闲渔业；聘请了有丰富养殖经验的技术工人团队，安排了值班制度，在整个养殖季节，养成了每日巡塘的习惯，仔细观察各类鱼生长过程，根据天气变化采取不同措施。

5. 遇到的问题

（1）养鱼与灌溉的冲突。在每年的灌溉季节，会出现用水冲突。需通过积极协商，达到灌溉、养殖两不误。

（2）养鱼用水与汛期水位的冲突。根据防汛预案，在主汛期需要把水位控制在安全水位线以下，这会严重影响养殖鱼的安全。

6. 建议

汉中市有着陕南最大的水产品批发市场，大量的水产品通过该市场销往全国各地。每年的冬季是各类水产品大量上市的季节，这个时候要及时掌握市场动向，确定最佳销售时机。另外，休闲渔业也是渔业经济非常具有潜力的增长点，加大投入，发展更高层次的休闲渔业，可进一步增加渔业收入。

（二）中型湖泊养殖

中型湖泊养殖以湖北荆州海子湖保水渔业放养模式为例。

1. 当地养殖条件

湖北荆州海子湖采用保水渔业放养模式。海子湖属于浅水富营养性湖泊，是湖北第三大湖泊——长湖的子湖，水域面积 800 公顷，也是湖北长湖鲌类种质资源保护区的实验区（图 4-10）。湖泊周围被高产农田环绕，各种大小农田排灌沟渠与之相连，另外还有几条上游河流直通海子湖，致使大量的有机质随水流入湖泊，每年大约带入长湖的总氮为 2 063.2 吨，总磷为 219.9 吨，其中大部分经海子湖进入长湖。海子湖冬冷夏热，四季分明，热量丰富、光照适宜、雨水充沛、雨热同季、无霜期长，自然资源丰富。由于湖中有机质丰富，水生植被茂盛，大量的水生植物死亡后沉入水底，日积月累，周年沉淀，水底底质十分肥沃，有机质含量过高，严重影响了海子湖的水质，也影响了整个长湖的水质。多年来，在生态专家和水产养殖专家的指导下，海子湖采取生态放养、限量捕捞的方法，不仅获得了可观的经济收益，还取得了很好的生态效益，每年通过生态放养可以从湖中带走约 46.464 吨氮、2.336 吨磷和 189.76 吨碳，加上其他的生态修复措施，水质逐年好转。特别是近年来，当地政府编制了《荆州市海子湖保水渔业生态园区发展规划》，海子湖的保水渔业肩负着生态修复与生产优质水产品的双重功能。

保水渔业是一种生态立体增殖和水环境修复措施，是针对海子湖的一种生态放养模式。通过鱼类和底栖动物的放养，消耗水中的有机质，使之转化为优质的人类食用蛋白。放养模式根据不同水层生活、不同食性的鱼类特点，利用鱼类及底栖动物的不同习性，确定放养品种、规格和数量。在放养的对象上注重增殖品种资源的自我增殖功能和地方性对象的保护，使自然资源得到了有效的保护。生态放养是把生态保护与增殖进行有机结合的一种新型保水渔业发展模式，也是人们对生态保护与开发并举的最科学的生产方式。

2. 放养模式

放养计划是通过几年的增殖、捕捞后确定其基本的保水渔业生态放养模式，采取的是典型的主要放养鲢的模式，同时鳙的放养量也较大，另外还搭配放养了草食性和肉食性鱼类，以及螺和蚌，具体放养模式见表 4-37。

表 4-37 生态放养模式

项目	鳙	鲢	草鱼	团头鲂	翘嘴鲌	鮊类	螺	蚌
增殖量	22 万尾	40 万尾	1 万尾	2 万尾	0.5 万尾	2 万尾	0.5 万千克	0.5 万千克
规格	500～1 000 克/尾	400 克/尾	500～1 000 克/尾	100 克/尾	8 厘米	8 厘米	成体	幼体

3. 收益情况

生态放养主要集中在春节前后，水温在 10℃ 左右时进行。放养后，按照保水渔业生态放养的要求，不投喂任何外源性饵料，不投放任何肥料。由于海子湖为浅水型轻度富营养性湖泊，适合鲢和鳙等滤食性鱼类的生长，以鲢、鳙为主的生态放养方式，不仅可以通过鱼产品带走大量的氮、磷、碳，而且提供了 900 余吨的优质鱼。具体收益情况见表 4-38。

表 4-38　生态放养收益情况

鱼类	放养量（万尾）	成活率（%）	起捕率（%）	起捕规格（千克/尾）	产量（千克）	单价（元/千克）	收益（万元）
鳙	22	95	80	2.5	418 000	13	543.4
鲢	40	95	80	1.5	456 000	8	364.8
草鱼	1	90	60	3	16 200	12	19.44
团头鲂	2	90	70	1	12 600	12	15.12
翘嘴鲌	0.5	80	50	0.75	1 500	60	9
鲌类	2	80	70	0.75	8 400	20	16.8
合计					912 700		968.56

4. 经验总结

作为湖泊生态放养方式，海子湖的产量较高，其主要得益于两个方面，一是海子湖由于其特殊的历史和地理原因，水质较肥，饵料生物丰富；二是海子湖的生态放养采取的是一次放足方法，分别在 6 月、9 月和第二年 1 月进行三次捕捞，捕大留小，给鱼类生长提供了更多的空间。海子湖是典型的以鲢为主的放养模式，但其鳙的放养量也较大，约为鲢放养量的 50%，打破了固有的鲢和鳙放养搭配模式，取得了很好的效果（图 4-11）。海子湖这种保水渔业生态放养方式不仅可以获得巨大生态效益，还可获得可观的经济效益。

图 4-10　海子湖

图 4-11　海子湖捕捞起吊装车

二、水库养殖案例

水库养殖以湖北堵河水库保水渔业放养模式作为案例进行介绍。

1. 当地养殖条件

堵河水库是 2011 年建成的一个峡谷型水库（图 4-12），正常库容为 23.8 亿米³，一般水位水面积为 5 466.7 公顷，丰水期可达 7 333.3公顷，水库水质优良，是我国少有的可以直接饮用的水源之一。水库内浮游植物种类较为丰富，为亚热带地区水域常见种。调查发现藻类约有 40 种，主要包括硅藻门、绿藻门、金藻门、红藻门、轮藻门和裸藻门。发现原生动物约为 19 种，以匣壳虫、片口砂壳虫、拱砂壳虫、褐砂壳虫、扁平网匣壳虫、明亮砂壳虫和孔头砂壳虫为主。轮虫只发现了黍氏单趾轮虫 1 种。水生植物约有 30 种，主要以黑藻、金鱼藻、水芹、狐尾草、眼子菜和苦草等为优势种。底栖动物有 25 种，其中寡毛类 5 种，软体动物 7 种，水生昆虫 13 种。寡毛类以水蚯蚓为主要种类。软体动物以中国圆田螺和淡水壳菜为优势种。水生昆虫以羽摇蚊、摇蚊幼虫、蜉、沼蝇、四节蜉、扁泥甲、泥甲、箭蜓、摇蚊为优势种。鱼类约有 80 种，其中以鲢、鳙、鲤、鲫、翘嘴鲌、鲇、黄颡鱼、斑鳜、泥鳅、中华沙鳅、大斑沙鳅、汉水后平鳅、兴山条鳅、短体副鳅、鳌条、马口鱼、宽鳍鱲、伍氏华鳊和中华鳈鲅为优势种，马口鱼和宽鳍鱲为当地资源较为丰富的土著鱼类。

2. 放养情况

制订保水渔业生态放养计划时，充分考虑水库中饵料生物的组成和鱼类的有效利用种群。从浮游植物的组成来看，该水库宜于鲢消化的浮游植物种类较少，放养过多会影响鲢的生长；浮游动物种类虽然不多，但水库过水量较大，可以加大鳙的放养。由于水库水生植被并不非常丰富，不适宜放养草鱼、团头鲂等草食性鱼类。为提高水库的综合利用率，增加经济效益，可适当放养一些鲴类、翘嘴鲌和鲌类等。经过几年的放养探索，确定的放养模式见表 4-39。

表 4-39　生态放养模式

种类	规格	
	体重（克/尾）	体长（厘米）
鲢	250	
鳙	250	
细鳞斜颌鲴		8～10
黄尾密鲴		8～10
翘嘴鳜		8
翘嘴鲌		8

3. 收益情况

在整个生态放养周期中不投喂任何外源性饵料，只进行正常渔政管理，防止滥捕、电捕等不法渔具、渔法在水库作业，防止污染事故的发生。每年的捕捞强度根据制订的方案进行控制。每年根据捕捞渔获物的种类和数量、水质修复养护计划进行补充增殖，增殖数量通过专家论证后可以在基本增殖计划内进行调整。通过鱼类的生态放养，不仅使堵河水库的水质得到了保证，还产生了较好的经济效益。在土著鱼的收入和增殖开支不计入的情况下，每亩经济效益见表 4-40，平均每亩收益为 271 元，整个水库收益为 2 222.2 万元。

表 4-40　生态放养收益表

项目	鳙	鲢	鲴类	翘嘴鳜	翘嘴鲌
产量（千克）	26	7.5	0.5	1.5	1
单价（元/千克）	10	8	12	40	20
收益（元）	260	60	8	60	20
支出（元）	85	20	2	24	6
效益（元）	175	40	6	36	14

4. 经验心得

堵河水库（图 4-12）作为峡谷型水库，饵料生物量和种类并不丰富，但其产量较一般峡谷型水库略高，主要因为堵河水库作为一个梯级发电功能的水库，水流量较大，浮游动物占比较大，特别适合鳙的放养。在生态放养中，鳙作为主要放养品种，其产量也占主导地位。对于这种水质优良的水库，可利用优质的水源生产优质的生态鱼，不仅可以提高其生态效益，也可创造可观的经济效益，还能利用这种品质优势，创造自己的品牌，提高产品的附加值。

图 4-12　堵河水库

第四节　网箱养殖

本部分以不投饵网箱养殖长丰鲢为例进行介绍。

1. 当地养殖条件

东江湖位于湖南省东南部，湘江一级支流耒水上游，水库总面积 16 000 公顷，总库容 81.2 亿米^3。东江湖水质优良、气候温和、环境优美、渔业资源丰富，是湖南省重要的名优特色渔业品牌基地和最大的无公害绿色水产品生产基地，也是资兴市和郴州地区重要的饮用水源地以及长株潭地区的战略储备饮用水源地。

东江湖由于网箱养殖规模发展迅猛，饲料、药品、鱼类粪便、残饵的影响以及周边农业和生活污染源的大量流入，导致局部水域出现了富营养化。为保护和改善东江湖水域生态环境，资兴市委、市政府从 2010 年开始实施网箱退水上岸工程，逐步限制网箱养殖规模。东江湖渔业生产方式逐渐由"网箱养殖为主、大库养殖捕捞为辅"的养殖模式向"大库养殖捕捞为主、网箱养殖为辅"的养殖模式转变。从 2013 年开始，资兴市加大了东江湖人工增殖放流力度，主要放流种类为鲢、鳙、草鱼和银鱼等，适当补充投放青鱼、鲤、三角鲂、黄尾密鲴和细鳞斜颌鲴等鱼类。

2. 放养情况

鲢是东江湖水库增殖放流的主要对象之一，既有利于水体的净化，防止水体富营养化，又可以提高捕捞产量，为库区移民增收致富。长丰鲢是我国四大家鱼中人工选育的第一个新品种，也是国家大宗淡水鱼产业技术体系重点推广品种之一，其生长速度快、规格整齐、遗传性状稳定，适合在全国淡水水域中养殖。自 2011 年起，当地从中国水产科学院长江水产研究所正式引进了长丰鲢新品种，并逐步用长丰鲢代替普通鲢作为东江湖水库的增养殖对象。

东江湖网箱框架为钢管式框架结构，采用铁制鼓桶（油桶）作浮子，箱体两侧各用 1 只铁锚固定。网箱规格为 5 米×5 米×4 米，采用 4 厘米网目的聚乙烯有结节网片缝制而成。箱体四周全封闭，均为单层网片，用聚乙烯线绕框架系牢，网底用河卵石作沉子。网箱均放置在避风向阳、风浪较小、水位稳定、水质较肥的兴宁镇坪石村水域。鱼种入箱前 10 天，把网箱放置在预先设定的养殖水域并加以固定，箱体四周附着藻类后再投放鱼种，以减轻鱼种的损伤程度。

设置了长丰鲢无投饵组、普通鲢无投饵组、长丰鲢投饵组和普通鲢投饵组 4 个组，其中长丰鲢为试验组，普通鲢为对照组。每个试验组设 5 个养殖密度梯度。具体放养情况见表 4-41。

表 4-41　放养情况

组别	箱号	面积（米²）	重量（千克）	尾数（尾）	规格（克/尾）	平均规格（克/尾）
长丰鲢无投饵组	1 号	25	3.84	12	320	
	2 号	25	8.1	25	324	
	3 号	25	15.85	50	317	322
	4 号	25	31.9	100	319	
	5 号	25	97.5	300	325	
普通鲢无投饵组	1 号	25	3.816	12	318	
	2 号	25	8	25	320	
	3 号	25	16.05	50	321	320
	4 号	25	31.5	100	315	
	5 号	25	64.6	200	323	
长丰鲢投饵组	1 号	25	3.816	12	318	
	2 号	25	8.025	25	321	
	3 号	25	15.8	50	316	318
	4 号	25	31.3	100	313	
	5 号	25	96	300	320	
普通鲢投饵组	1 号	25	3.744	12	312	
	2 号	25	8.075	25	323	
	3 号	25	16	50	320	316
	4 号	25	31.5	100	315	
	5 号	25	95.1	300	317	

　　无投饵组采取模拟完全不投饵、不施肥的水库自然生长方式，根据季节、风向和水色（浮游植物丰度）的变化移动网箱的位置，使鱼的生长环境尽量接近水库的自然水体生长环境，并每月洗刷网箱两次，清除网片的附着物和网底的排泄物，保持网箱内外水体流畅。在洗刷网箱的同时，检查网箱，如有破损，及时修补，做好防逃工作。

投饵组则在网箱中养殖草鱼 1 000 尾,入箱规格为 500 克/尾,每天投喂草鱼饲料量为鱼体重的 3%~5%,根据水温、天气变化适时调整投喂量,每月洗刷网箱两次,清除网片的附着物和网底的排泄物,保持网箱内外水体流畅。在洗刷网箱的同时,检查网箱是否破损,若有破损要及时修补,做好防逃工作。

3. 起捕情况

从 2014 年 4 月 8 日鱼种入箱,经过 230 天的养殖,2014 年 11 月 28 日进行测产验收,结果见表 4-42。

表 4-42　起捕情况

组别	箱号	重量 (千克)	尾数 (尾)	规格 (克/尾)	平均规格 (克/尾)	成活率 (%)	平均成活率 (%)
长丰鲢 无投饵组	1 号	20.78	12	1 732		100	
	2 号	37.92	24	1 580		96	
	3 号	67.7	50	1 354	1 013	100	97.95
	4 号	163.96	97	1 123		97.33	
	5 号	242.55	294	825		98	
普通鲢 无投饵组	1 号	19.02	12	1 585		100	
	2 号	35.7	25	1 428		100	
	3 号	56.88	45	1 264	907	90	92.92
	4 号	141.59	92	1 026		92	
	5 号	199.49	279	715		93	
长丰鲢 投饵组	1 号	26.90	12	2 242		100	
	2 号	54.45	25	2 178		100	
	3 号	102	48	2 125	1 321	96	97.39
	4 号	200.21	98	1 362		98	
	5 号	307.30	291	1 056		97	
普通鲢 投饵组	1 号	21.85	10	2 185		83.33	
	2 号	45.65	24	1 902		96	
	3 号	81.97	44	1 863	1 119	88	91.43
	4 号	147.24	87	1 124		87.33	
	5 号	252.95	282	897		94	

无投饵组长丰鲢平均尾重 1 013 克，成活率 97.95%；普通鲢平均尾重 907 克，成活率 92.92%。长丰鲢跟普通鲢相比，平均规格重 136 克，成活率高 5.03%，生长速度快 17.5%，生长优势比较明显。

投饵组长丰鲢平均尾重 1 321 克，成活率 97.39%；普通鲢平均尾重 1 119 克，成活率 91.43%。长丰鲢跟普通鲢相比，平均规格重 202 克，成活率高 9.5%，生长速度快 24%，生长优势十分明显。

4. 经验和心得

（1）对比无投饵式养殖组，可以发现养殖密度越小，长丰鲢的生长优势体现得更为明显。

（2）无论是无投饵组还是投饵式组，长丰鲢的生长速度、成活率都明显高于普通鲢，特别是在养殖吃食性鱼类的网箱中套养长丰鲢，长丰鲢的生长优势更为明显，套养的合适密度为 1～2 尾/米²。一个 25 米²的网箱可套养长丰鲢 50 尾，长丰鲢产量可达 53.3 千克，每个 25 米²的网箱每年可提高经济效益 320 余元。

（3）2006—2008 年湖南农业大学对东江湖开展的水生生物资源调查报告结论为：东江湖的鲢产量为 22.94 克/米²。据此可推算出东江湖水库每年每亩可投放长丰鲢 12 尾，整个东江湖每年可投放 288 万尾，每年可生产生态有机长丰鲢 3 600 吨，产值约 2 500 万元；通过养殖长丰鲢可降低水体中氮磷的含量，有利于净化水质，保护水环境。

（4）2 龄长丰鲢在东江湖养殖成活率高，生长速度快，非常适应东江湖的水质环境。同时由于其遗传性状稳定，可取代本地普通鲢，成为东江湖水库人工增殖放流的一个重要品种。在东江湖推广养殖长丰鲢新品种，对东江湖水环境保护和东江湖渔业可持续发展将产生积极的作用，并获得可观的生态效益、经济效益和社会效益。

第五章 四大家鱼的加工和美食

第一节 四大家鱼的加工

一、加工技术进展与产业现状

水产品加工是渔业产业链条中衔接养殖和消费市场的重要一环，也是延长产业链、提升价值链，推进渔业供给侧结构性改革的重要途径和抓手，对推动水产养殖业的发展具有重要作用。

中国淡水鱼加工产业起步较晚，20 世纪中国四大家鱼的消费以农贸市场鲜活销售为主，加工产品少，淡水鱼的加工主要是少量腌制、干制传统加工和作坊式生产，工艺技术比较落后。进入 21 世纪，随着社会经济的快速发展和消费方式的转变，营养、美味、健康、安全、方便的加工水产食品的消费需求逐渐增加，四大家鱼加工业开始逐步发展起来。特别是 2008 年农业部设立国家大宗淡水鱼产业技术体系（以下简称产业体系）以来，加工岗位专家针对淡水鱼个体差异大、水分含量较高、肌间刺多、腥味重和蛋白质易冷冻变性等特点，开展了较为深入、系统的应用基础研究和淡水鱼加工保鲜技术研究以及产品研发工作，初步形成了淡水鱼生物加工、低温保鲜、加热杀菌、干制脱水与综合利用技术体系。产业体系开发了基于淡水鱼的快速低盐腌制与生物增香技术，解决了传统糟醉鱼和酸鱼制品成熟慢、风味口感差、工业化程度低的问题，显著提升了传统糟醉鱼产品的品质和生产技术水平，推动了四大家鱼传统加工产业的升级改造和规模化发展；创建并应用基于品质保持的最小限度加热杀菌技术，解决了砂锅鱼头、酸菜鱼、糖醋鱼和酸汤鱼等典型淡水鱼菜肴食品工业化生产和常温保藏过程中的品质保持问题，在保持产品口感美味的同时，实现了产品常温贮藏，推动了中国传统餐饮的工业化进程；研发了淡水鱼糜凝胶增强与保鲜、保藏关键技术，开发了鱼丸、鱼糕、鱼豆腐、鱼肉肠、模拟蟹肉棒等多口味、多品种系列鱼糜制品；利用生物酶水解技术、提取精制技术、微胶囊化技术、增香促溶技术等开发了具有不同功能活性的鱼蛋白肽粉、鱼汤粉、鱼油微胶囊，并进一步开发了鱼多肽饼干、鱼油乳片等高价值产品（彩图45至彩图50）。

技术的进步推动了淡水鱼加工产业的快速发展，根据不同鱼类的原料特性，发展出了不同的加工利用途径和相应的加工产业特色，如青鱼以腌制、干制加工为主，形成了具地方特色的腌腊鱼制品加工。鲢以鱼糜及鱼糜制品和熟食罐头食品加工为主，特别是鱼糜及鱼糜制品加工，已成为鲢规模化加工利用的主要途径，目前中国冷冻鲢鱼糜年产量已达5万吨以上，可加工各类鱼糜制品约20万吨，并且产业仍然处于快速发展阶段，形成了以安井公司为代表的鱼糜制品加工龙头企业和品牌。草鱼适合餐饮配送、家庭烹饪等，形成了以广东为主的脆肉鲩加工，江浙一带的醉鱼加工，以及湖北的荆楚鱼糕、鱼丸加工等模式。鳙适合餐饮、家庭和超市消费需求，以冷藏冷冻保鲜类鱼头产品和常温方便熟食类鱼头食品的加工为主，形成了天目湖砂锅鱼头、淳安千岛湖鱼头等系列品牌。此外，以淡水鱼或鱼加工副产物为原料加工成休闲食品、调味品及营养健康食品的产业也开始出现并逐步发展。

二、主要加工技术与产品

（一）保鲜技术与产品

冷藏和冷冻是水产品保鲜的主要技术手段，通过低温抑制微生物和肌肉组织中内源酶活性，从而延长产品保鲜期。目前应用于淡水鱼保鲜的技术方法主要有冰藏、冷藏、微冻和冻结保鲜等。随着人们生活水平的提高以及消费者对高品质新鲜水产品的追求，新的保鲜技术也在不断发展，如生物膜保鲜、防蛋白降解保鲜、液氮冻结、液体急冻等技术被逐渐应用于淡水鱼保鲜加工中。根据保鲜期、产品形式及加工方式不同，保鲜类淡水鱼加工产品可分为冷冻生鲜产品、冷冻调制产品和冷藏保鲜产品。

冷冻生鲜产品主要包括冷冻分割产品（鱼柳、鱼片、鱼块、鱼头、鱼尾、鱼唇、鱼鳔等）和整条鱼（图 5-1），其工艺流程主要包括宰杀清洗、分割、整形、切片或切块、漂洗沥水、摆盘、速冻、镀冰衣、检验和冻藏等工序；冷冻调制产品主要包括冷冻调理鱼片（鱼排）、冷冻烤制鱼片、冷冻熟制调味鱼片等，其工艺是在对原料鱼进行宰杀、洗净、去除不可食部分、整形等前处理后，再进行调味、调制、成型或加热等处理，然后进行包装和速冻。冷冻类产品通常具有较长的货架期，但常因长时间冻结导致蛋白变性，产品口感会有不同程度的下降。冷藏保鲜产品主要包括冷藏生鲜、调味生或熟制鱼片（鱼块）等产品，这类产品不经冻结，产品新鲜度和口感较好，但产品保鲜期比较短，其加工过程通常结合减菌化处理，并且在冷藏控温的同时结合其他保鲜技术手段以便延长产品

图 5-1　冷冻鱼块

保鲜期。

（二）罐藏技术与产品

罐藏是保藏食品最有效的技术手段之一，主要是通过高温热处理达到商业无菌要求，进而实现产品在常温条件下长时间保藏。罐头鱼制品食用携带方便，适合超市、餐饮、家庭和旅游休闲消费，发展前景广阔。鱼罐头生产工艺主要包括原料预处理、装罐、排气、密封、杀菌、冷却等。依据预处理和调味方式不同，鱼罐藏产品主要包括调味罐头制品、油浸罐头制品、鱼丸罐头制品。鱼罐头的原料预处理方式主要有盐渍、预煮、油炸和烟熏等。调味罐头制品工艺的关键在于调味方法，不同调味液的组成存在较大差异。该类产品种类繁多，主要包括红烧鱼罐头、葱烤鱼罐头、咖喱鱼片罐头、茄汁青鱼罐头、酸菜鱼罐头、水煮鱼罐头、五香鱼罐头、熏鱼罐头（图 5-2）等。油浸罐头制品是通过油浸调味的方式进行调味，主要有油浸青鱼罐头等产品。鱼丸罐头制品与调味罐头制品、油浸罐头制品的工艺差别较大，主要体现在原料预处理加工过程以及鱼糜制品的制备方法上。

图 5-2　熏鱼罐头

随着大众消费需求的转变，近年来小包装风味即食软罐头产品发展迅速，如多口味（泡椒、炭烤、麻辣、原味、糖醋、香辣、橘香等）鲢鱼块等产品，此外鱼肉酱罐头、酸菜鱼、酸汤鱼、砂锅鱼头等新产品也不断出现（图5-3）。针对传统高强度热杀菌技术导致的鱼肉肉质软烂、食用品质下降等问题，适度脱水、水分活度控制、pH调控和组合杀菌等多技术联用也开始在鱼罐头加工中得到应用，较好地提升了产品品质。

图 5-3　鱼肉酱罐头

（三）脱水干制技术与产品

　　干制是四大家鱼加工保藏的一种重要技术手段，主要通过脱水降低水分活度达到防止食品腐败变质、延长保质期的目的。干制品一般具有保藏期长、重量轻、体积小、便于贮运等优点，特别适合旅游休闲类消费，但同时干制品易发生脂肪氧化酸败，对产品的风味和口感带来不同程度的影响。目前四大家鱼干燥方法主要分为自然干燥和人工干燥两种。自然干燥是利用太阳辐射热和风力对鱼体进行干燥的一种方法，该方法操作简单，不需要大型设备，主要是家庭作坊式应用。目前工业上为了提高加工效率和产品品质，主要采用热风干燥、冷风干燥、真空干燥、冷冻干燥、红外线干燥、微波干燥和高压电场干燥等，实际应用过程中根据不同产品类型和产品品质要求可选择不同的干燥方法或是几种干燥方法的组合应用。

鱼干制品主要分为生干品、煮干品、盐干品和调味干制品。盐干品和调味干制品是目前主要的产品形式，种类丰富。不同的腌制、干制以及调味方式，生产出腌鱼干、卤鱼干、风味烤鱼干、香辣（麻辣）鱼干、油炸香脆鱼片、膨化鱼片、休闲鱼肉粒、鱼肉松、鱼肉脯等。此外，随着人们对营养健康的重视，具有不同功能活性的营养健康鱼蛋白（肽）、鱼汤粉等产品也开始出现，这类产品主要是应用喷雾干燥方式进行脱水制成。

（四）腌制发酵技术与产品

腌制发酵是一种传统的水产品加工与保藏方法。根据产品工艺特点不同，淡水鱼腌制发酵制品主要包括盐腌制品、糟醉制品和发酵制品。盐腌制品主要用食盐和其他腌制剂对原料鱼进行腌制，如咸鱼、腌青鱼、老坛盐腌鱼、盐腌鱼片等，这类产品通常盐含量较高，水分含量较低，部分产品结合风干脱水工艺。为了生产高品质的腌干鱼制品，需要严格控制原料鱼的规格、腌制温度以及腌制剂和渗透调节剂的用量。此外，由于高盐饮食会对人体健康产生不利影响，一些新的腌制工艺，如静态变压腌制、真空滚揉腌制、超声辅助腌制和超高压辅助腌制等新型技术也在不断发展。糟醉制品是在食盐腌制的基础上，使用酒酿、酒糟和酒类进行腌制调味，通过调味酒或微生物的作用提升产品风味，如香糟鱼、醉鱼（图 5-4）等。发酵制品是在腌制过程中利用自然界微生物或直接添加各种促进发酵与增加风味的发酵微生物对蛋白、脂肪进行代谢，形成独特的发酵风味，如酶香鱼、酸鱼、鱼露、鱼酱酸、发酵鱼肉肠和发酵鱼糕等产品。发酵类鱼制品目前仍主要采用传统工艺生产，产品具有独特的风味和口感，是各地的地方特色和传统特产。

图 5-4 醉 鱼

（五）鱼糜及鱼糜制品加工技术与产品

鱼糜及鱼糜制品是淡水鱼加工规模化程度较高的大类产品，鱼糜加工主要包括冷冻鱼糜加工和鱼糜制品加工。冷冻鱼糜是指以鱼类为原料，经前处理（去头、去尾、去鳞和去内脏）、清洗、采肉、漂洗、脱水、精滤、成型、速冻等工序制得的板状鱼糜。凝胶性是评价冷冻鱼糜品质的主要指标，影响鱼糜凝胶性的因素较多，主要包括原料鱼种类、新鲜度、渔获季节、鱼体大小、漂洗、擂溃和加热条件等。此外，鱼肉蛋白易发生冷冻变性，因此在冷冻鱼糜生产过程中通常会添加抗冻剂，常用的有糖类、糖醇类以及磷酸盐类。

鱼糜制品是指以冷冻鱼糜为主要原料，以食盐、淀粉、动物油脂等为辅料，经过擂溃、斩拌、成型、加热等工艺而制成的一种具有黏弹性的高蛋白、低脂肪水产制品。鱼糜制品的种类繁多，根据加热方法，可以分为蒸煮制品、焙烤制品、油炸制品、水煮制品和微波制品等。根据形状不同，可分为丸子形、夹心状、饺子形、串状、板状、卷状和其他形状的制品。依据添加辅料的不同，分为添加肉制品、添加蛋黄制品、添加蔬菜制品和其他制品。实际生产过程中根据不同产品形式和品质要求，可采用不同的加热方法、成型方法、辅料种类及用量。从贮藏条件来看，目前鱼糜制品主要是冷冻制品，以火锅类产品为主。随着消费形式的转变，近年来常温贮藏的休闲即食型鱼糜制品发展迅速，如多口味鱼丸、鱼豆腐等产品（图 5-5、图 5-6）。

图 5-5　荆楚鱼糕鱼丸

图 5-6　鱼肉制品

（六）综合利用技术与产品

在四大家鱼的加工过程中，会产生大量的鱼头、鱼鳞、鱼内脏、鱼骨和鱼皮等副产物，这些副产物含有大量的蛋白质、油脂及其他一些具有价值的营养物质。随着淡水鱼加工产业的发展，副产物的综合利用也开始逐步发展。目前对于淡水鱼加工副产物的利用主要是生产鱼粉及提取蛋白、脂质、活性钙和硫酸软骨素等方面（图 5-7）。鱼粉的生产方法主要分为干法和湿法两种。其中干法又分为直接干燥法和干压榨法，而湿法又分为湿压榨法和离心法。实际生产过程中一般要根据原料鱼种类、产品质量要求和投资能力的大小等因素来选择鱼粉生产工艺，也可将不同方法组合应用以提高产品品质或生产效率。提取胶原蛋白是副产物加工利用的主要途径，提取方法包括酶提取法、酸提取法、碱提取法、热水提取法和联合提取法等，提取原料主要有鱼皮、鱼鳞、鱼骨。提取的胶原蛋白可进一步采用生物酶水解技术加工成具有多种功能活性的蛋白多肽高价值产品。对于脂肪含量较高的鱼内脏、鱼腹部等，可提取、精制鱼油产品，并进一步加工成鱼油乳品、微胶囊鱼油等产品。此

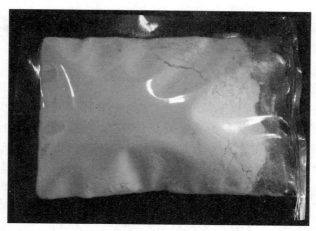

图 5-7　鱼蛋白粉

外，鱼皮、鱼排等风味休闲食品，以及鱼鳞冻、鱼鳞羟基磷灰石、纳米鱼骨粉等新产品也不断出现。随着四大家鱼加工产业的发展，副产物的综合利用程度和水平也将不断提升。

第二节　四大家鱼美食

　　鱼类作为中国餐饮中的主要食材之一，烹制方法多种多样，主要有烧、焖、熘、炖、熏、蒸、煎、炸和烤等。四大家鱼的美食烹饪选料严谨，因材施艺，这不仅与鱼本身的特性有关，也受地方消费者饮食习惯的影响。俗语"草鱼身、青鱼尾、鲢鱼肚、鳙鱼头"，充分体现了对四大家鱼食材部位的用料考究。因各地自然人文及饮食习惯不同，在鱼类烹调和菜肴品类方面也各有差异，形成了具有鲜明地方特色的菜品和饮食文化。

一、青鱼美食

　　青鱼与其他四大家鱼相比，其肉质紧实，品质出众。常见的烹饪方法有红烧、干烧、清炖、糖醋或切段糟制，也有成条、片、块制作各种菜肴。

　　青鱼尾烹饪的美食，属"煎扒青鱼头尾"和"糟油青鱼划水"最负盛名，"清蒸青鱼尾"最妙。"煎扒青鱼头尾"是开封市的一道传统名肴，属于豫菜系，清末民初便享誉中原，素有"奇味"之称。民国初年，康有为游学古都开封始尝此菜，即有"味烹侯靖"之赞。"糟油青鱼划水"是一道色香味俱全的传统名肴，属于浙菜系。"划水"即鱼尾。此菜必须选用体重在 10 千克左右青鱼的尾段为原料，用香糟调和烹制，营养丰富，鲜香入味，是鱼菜中的上品。"清蒸青鱼尾"烹饪方法最出乎意料。一般蒸的菜肴贵在其鲜味，这道特色美食却反其道而行：鱼尾涂盐抹上花椒，腌渍两三

天，称"跑咸鱼"，而后蒸而食之，口感细嫩微咸，别有一番风味。

关于青鱼的美食，有承载着传说的"牡丹鱼"和"菊花醉青鱼"，也有因受到佳句的启发研制而成的"葡萄鱼"。"牡丹鱼"是湖北地区流行的名菜，以青鱼为主料制作而成。这个名字来源于一个美丽的传说，相传在洞庭湖畔的一位漂亮姑娘，名叫"牡丹"，为了拯救附近村庄的百姓而被恶魔吞食。为了纪念牡丹姑娘，人们将青鱼精心做成一朵朵牡丹花，从此，"牡丹鱼"成了人们喜爱的菜肴。"菊花醉青鱼"是被神化的淮扬菜，正宗的烹制需要白马湖的青鱼，湖水湖鱼，原汁原味，才能更加爽嫩润口。"葡萄鱼"是安徽省汉族的传统名菜，是以青鱼为原料，配酿酒的葡萄原汁，仿整串葡萄形状制成，粒粒饱满，表皮松酥、肉质细嫩，甜酸可口。

此外，青鱼也有多种地方特色做法，如"绍兴青鱼干"作为浙江绍兴传统的地方名菜，在历史上作为绍兴名特产曾一度远销南洋地区；"碧螺鱼片"借鉴苏州名菜"碧螺虾仁"，由碧螺春新茶汁烹制而成，将茶文化与饮食文化结合起来；嘉兴的"青鱼六吃"开创了青鱼的花样吃法，包括剁椒鱼头、红烧鱼尾、清蒸或爆炒鱼身、红烧鱼肠以及油炸鱼鳞。

二、草鱼美食

草鱼烹饪方法涵盖了烧、焖、熘、炖、熏、蒸、煎、炸、烤等多种方式，不同地区有其不同的经典做法（彩图51至彩图57）。

在广东，广州的"红烧脆肉鲩鱼腩"最为有名，也是当地最普通的一道家常菜。脆肉鲩作为草鱼的名特优水产品，有的餐馆将脆肉鲩做成"一鱼八味"，受到了消费者的青睐。梅州的"生鱼脍"（鱼生）文化始于先秦、盛于唐，草鱼是主要食材，烹制而成的客家鱼（鲩）丸、鱼丝、鱼脯、鱼粄、鱼（头）煮粉和鱼焖饭等都是家喻户晓的名菜。浙江杭州的西湖醋鱼，又称为"叔嫂传珍"，是一道地道传统的汉族风味名菜，其年代可追溯到宋朝。此道菜选用西湖草鱼作原料，烹制前一般先要在鱼笼中饥饿一两天，使其排泄肠内杂物，除去泥土味。还有福州的福州糟鱼，与众不同的料理手法在于几乎所有菜都要放点红糟，是当地的特色美食。湖南祁阳的祁阳曲鱼，又叫"曲米鱼"，在当地流传至今有 900 多年的历史，相传在宋代曾被列为皇室贡品，是地道的传统美食。重庆巫溪的万州烤鱼，是晚清年间重庆名厨叶天奇的后人创制，融合了腌、烤、炖三种烹饪技术，沿用先烤后炒的方式，将烤鱼进一步改良，制成的烤鱼鲜嫩焦香，令人回味无穷。上海熏鱼是一道色、香、味俱全的特色传统名菜，属于沪菜系。此菜外焦里嫩，口感咸鲜味美。熏鱼虽名带熏字，其实并不是熏制的，而是先用酱油腌制再油炸最后浸入卤汁入味的。另外，北京的老北京门墩鱼，因把鱼肉切成大块貌似老北京四合院的门墩而得名。

沙沟鱼圆是江苏兴化的一道名菜，历史悠久，相传明末清初就已盛产，其主要材料是上等草鱼、猪油、食用盐、大葱等，制作方法分红、白两种，分别通过油氽和水氽的做法而成。鱼圆氽入油锅后，稍滚就浮，盛起来上桌，圆圆滚滚，色泽金黄，里面肉色雪白，油而不腻。鱼圆不但鲜美，也有年年有余、团团圆圆的吉祥寓意。

三、鲢美食

鲢个头比较大，肉质松软、鱼刺多，腥味较大。北方人口味偏重，多以炸块鱼和大锅炖为主，腌制后烹制，做出的鱼肉较紧实，不易糊烂；南方人口味偏清淡，注重食材的原汁原味，常以蒸、煎为主。鲢大多是采用家常的烹饪方法，如炸和炖或者炸炖结合的方式，地方特色的菜肴相比其他三大家鱼较少，菜品主要有家炖白鲢鱼、大蒜鲢鱼、红烧鲢鱼块、阳干鲢鱼、豆豉辣椒蒸鲢鱼、侉炖鲢鱼以及鲢鱼豆腐汤等（彩图 58、彩图 59）。

四、鳙美食

鳙最大的特点是头大，又称"胖头鱼"，鱼头味鲜且口感独特。鳙的烹饪以鱼头为原料，烹制方法和口味也多种多样。鳙鱼头有烧、焖、熘、炖、蒸、煎、炸、烤等多种做法，最具代表性的有鱼头砂锅、剁椒鱼头、鱼头泡饭、拆烩鲢鱼头等（彩图60至彩图62）。

砂锅鱼头是传统的汉族名菜，属苏菜系（图5-8）。砂锅鱼头采用砂锅工艺，口味咸鲜，鱼肉鲜嫩，汁浓味鲜，鲜而不腥，肥而不腻，汤色乳白如汁、清纯如雪，尤以天目湖的砂锅鱼头备受青睐。剁椒鱼头是湖南的一道名菜，属湘菜系，以剁辣椒的"咸"和"辣"沁入鱼头，菜品色泽红亮，也被称作"鸿运当头"和"开门红"。这道菜据说与清朝文人黄宗宪有关，为躲避文字狱，他逃到湖南而有幸尝到鲜美的鱼头美食。避难结束后，他让家里厨师加以改良，就成了今天的湖南名菜剁椒鱼头。鱼头泡饼属于京帮菜，是在用北方的酱以炖方式烹饪的基础上，改良的一道特色北京菜。此菜鱼头咸鲜微辣，嫩而香味浓郁，加上酥脆的饼蘸上汤汁，一菜两吃。

图5-8 砂锅鱼头

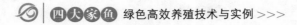

对于鳙鱼身的做法，历史相对悠久的要属"湘潭水煮活鱼"和"粉蒸竹筒鱼"。"湘潭水煮活鱼"是经典的湘潭家常菜。粉蒸竹筒鱼，是湘菜的特色菜，此菜竹清醇香，鱼肉鲜嫩，柔软味美，别有风味，以粳米、鳙为主要材料，烹饪以蒸为主。此外，关于鳙的做法，川菜里的酸菜鱼和水煮鱼都是经典的菜式。跳水花鲢、麻辣花鲢、盆盆炝锅花鲢、炝锅花鲢、剁椒蒸花鲢、藤椒鱼、鲜椒抄手鱼和鱼头蛙等，口味各异，也是食客们的至爱。

附　录

四大家鱼原种场名录

序号	名称	地址	联系人	联系电话
1	湖北石首老河四大家鱼原种场	湖北省石首市大垸镇沿河路1号	易沫	0716-7656768
2	长江四大家鱼监利老江河原种场	湖北省监利县尺八镇沿河西村78号	苏云亥	0716-3532480
3	江西省瑞昌长江四大家鱼原种场	江西省瑞昌市赤乌中路3号	邓水山	0792-4228628
4	江苏省邗江县长江四大家鱼原种场	江苏省扬州市邗江区沙头镇西大坝渔场	唐明虎	0514-87531560
5	江苏吴江四大家鱼原种场	江苏省吴江区平望镇百盛路75号	宣云峰	0512-63661198
6	浙江嘉兴长江四大家鱼原种场	浙江省嘉兴市秀洲区王江泾镇田丰朝南埭40号	蒋国海	0573-83807309
7	湖南鱼类原种场	湖南省长沙市开福区双河路728号	曾国清	0713-86672234
8	陕西新民家鱼原种场	陕西省渭南市朝阳大街中段30号	王鹏	0913-2052305
9	内蒙古通辽四大家鱼原种场	内蒙古通辽发电总厂邮局转早繁场	迟向辉	0475-8292677
10	湖南洞庭鱼类良种场	湖南省常德市洞庭大道西段388号	张小立	0736-7562788
11	河北省任丘市四大家鱼良种场	河北省任丘市枣林庄大闸南	李川通	0317-2222127

湖北石首老河长江四大家鱼原种场简介

　　石首老河长江四大家鱼原种场，位于湖北省石首市大垸镇，水陆交通便利，通讯、电力设施齐备，生态环境优越。所属老河长江故道地处江汉平原与洞庭湖平原的结合部，长江中游的荆江中段北岸，属亚热带季风气候，雨量充沛，日照时间较长，热量丰富，适宜淡水鱼类生长。

　　该场隶属石首市城市建设投资开发公司、石首农业投资发展有限公司，属全民所有制事业单位，是农业农村部重点投资建设的国家级水产原种场，以中国水产科学研究院长江水产研究所为技术依托单位。其主要任务是收集、整理、保存与培育长江四大家鱼原种，并担负着为社会提供长江四大家鱼原种亲本和后备亲鱼的任务（附图1、附图2）。

附图1　原种场正门

　　全场总面积8 500多亩，其中大水面天然生态库8 000多亩，鱼池410亩。现有职工62人，其中高、中级工程师6人，技术员、

附图 2　原种场场貌

技工 30 人。该场从 1988 年开始为社会提供长江四大家鱼原种，所供四大家鱼原种全部为从长江灌江纳苗及人工捕捞所得，具有生长速度快、抗病能力强、个体大、繁殖力强等优势。现每年可生产四大家鱼原种 8 万千克，1 龄苗种 60 万尾。

近 10 多年来，该场多次提供长江四大家鱼苗种及亲本参与长江增殖放流工作，为保护长江四大家鱼资源作出了积极贡献。

当前，该场依托强有力的技术队伍，致力于发展经济工作，通过高起点规划、高标准建设、高效益经营、高水平管理，努力打造集收集、养殖、培育、保存与外调于一体的一流长江四大家鱼原种基地。

国家级湖北监利长江四大家鱼原种场简介

国家级湖北监利长江四大家鱼原种场，位于湖北省监利县东南部，紧靠长江，与洞庭湖隔江相望，水陆交通便利。全场现有工作人员 25 名，其中具有中级以上职称的技术人员 8 人，初级职称技术人员 5 人，水产技术工人 12 人。

老江河原系长江主干道，1958 年裁弯取直后，经县政府批准建立国营老江河渔场。由于此地自然环境优美、水体资源丰富，

1990 年立项建设长江水系四大家鱼种质资源天然生态库，1992 年通过验收后投入使用。1999 年，农业部正式确定老江河渔场为长江水系四大家鱼种质天然生态库，2019 年 4 月 17 日成为国家级湖北监利四大家鱼原种场。原种场共有水面 28 360 亩，其中苗种培育池 380 亩，亲本暂养池 280 亩，选育池 100 亩，大水面 27 600 亩。另建有高标准鱼类人工繁殖基地和名特水产苗种培育基地。主要鱼种有草鱼、青鱼、鲢、鳙等 20 多种。

原种场以中国水产科学研究院长江水产研究所为技术依托单位，通过收集、整理、保存长江四大家鱼原种，并按照原种标准和原种生产技术操作规程培育原种，不断完善工程、技术措施，严格经营管理，更新生产设施、设备（附图 3 至附图 5）。

附图 3　原种场大门

自投产以来，原种场每年从长江捕捞四大家鱼原种鱼苗 200 万尾左右，培育夏花 100 万尾，1 龄鱼种 8 万千克，生产亲鱼、后备亲鱼 10 万千克以上，产品供应全国 50 多家原良种场及苗种场。所生产的原种亲本经检测，种质均符合长江原种标准，得到引种单位和水产界的一致好评。1998 年分别荣获中国水产科学研究院科技进步奖二等奖和农业部科技进步奖三等奖；2011 年获批农业部水

附图 4　灌江纳苗

附图 5　原种选种

产健康养殖示范场；在第二届中国荆州渔博会上，组织参展的四大
家鱼原种亲本获金奖。

参 考 文 献

白遗胜，2006. 淡水养殖 500 问 [M]. 北京：金盾出版社.

蔡宝玉，王利平，王树英，2004. 甘露青鱼肌肉营养分析和评价 [J]. 水产科学，23（9）：34-35.

陈小波，2018. 淡水鱼类暴发性出血病的防治 [J]. 畜牧兽医科技信息，8：151.

关博，王智慧，2019. 非物质文化的再生产：蒙古族渔猎文化的传承与反思——以查干湖冬捕渔猎祭祀文化为例 [J]. 体育与科学，40（3）：61-66.

郭慧芝，刘礼辉，李宁求，等，2014. 草鱼疾病流行规律及防治措施 [J]. 科学养鱼，30（2）：59-60.

国家大宗淡水鱼产业技术体系，2016. 中国现代农业产业可持续发展战略研究 [M]. 北京：中国农业出版社.

姜启兴，吴佳芮，许艳顺，等，2014. 鳙鱼不同部位的成分分析及营养评价 [J]. 食品科学，35（5）：183-187.

蔺凌云，潘晓艺，袁雪梅，2018，等. 淡水鱼虾细菌病诊断与防控技术研究进展 [J]. 中国动物检疫，35（6）：83-88.

刘兴国，2017. 池塘养殖生态工程 [M]. 北京：中国农业出版社.

吕文雪，孟庆峰，钱爱东，2012，等. 淡水鱼病毒性疾病的研究进展 [J]. 中国农学通报，28（8）：77-81.

农业农村部渔业渔政管理局，全国水产技术推广总站，中国水产学会，2019.2019 中国渔业统计年鉴 [M]. 北京：中国农业出版社.

彭小云，2014. 浅谈四大家鱼养殖过程中常见病害及防治 [J]. 科学养鱼，3：92.

全国水产技术推广总站. 2011 水产新品种推广指南 [M]. 北京：中国农业出版社.

唐启升，韩冬，毛玉泽，等，2016. 中国水产养殖种类组成、不投饵率和营养级 [J]. 中国水产科学，23（4）：729-758.

涂爱平，吴勤超，宋祖学，2010，等．四大家鱼主要疾病的季节流行规律[J]．渔业致富指南，9：45-47．

汪永洪，2012．草鱼细菌性赤皮病、烂鳃病、肠炎病的发生及防治措施[J]．安徽农学通报，8：127．

王光贵，章期红．千岛湖休闲渔业发展方向探讨[J]．中国渔业经济，1：58-59．

王武，2000．鱼类增养殖学[M]．北京：中国农业出版社．

王雪锋，涂行浩，吴佳佳，等，2014．草鱼的营养评价及关键风味成分分析[J]．中国食品学报，12：182-189．

夏文水，罗永康，熊善柏，许艳顺，2014．大宗淡水鱼贮运保鲜与加工技术[M]．北京：中国农业出版社．

解绶启，刘家寿，李钟杰，2013．淡水水体渔业碳移出之估算[J]．渔业科学进展，1：82-89．

叶雄平，程宝林，2016．池塘标准化健康养大宗淡水鱼[M]．北京：化学工业出版社．

张波，曾令兵，罗晓松，等，2010．青鱼肠道出血症病原菌的分离与鉴定[J]．华中农业大学学报，5：607-612．

张波，曾令兵，罗晓松，等，2012．嗜水气单胞菌3种疫苗免疫的青鱼外周血免疫指标的变化[J]．华中农业大学学报，31（1）：100-105．

赵永锋，胡海彦，蒋高中，等，2012．我国大宗淡水鱼的发展现状及趋势研究[J]．中国渔业经济．5：91-99．

曾令兵，2009．青鱼肠道败血症的预防与治疗方法[J]．科学养鱼，10：42-42．

曾令兵，2010．我国水产养殖动物病害的现状及发展方向[J]．科学养鱼，3：1-3．

曾令兵，2012．草鱼出血病的诊断与防治要点[J]．海洋与渔业：上半月，6：76-77．

周勇，曾令兵，2018．大宗淡水鱼高温季节鱼病防治措施[J]．科学养鱼，348（08）：19-22．

Tsuneo Nakajima, Mark J. Hudson, Junzo Uchiyama, et al., 2019. Common carp aquaculture in Neolithic China dates back 8 000 years [J]. Nature Ecology & Evolution, 3：1415-1418.

图书在版编目（CIP）数据

四大家鱼绿色高效养殖技术与实例/农业农村部渔
业渔政管理局组编；梁宏伟主编 . —北京：中国农业
出版社，2022.12（2024.11 重印）
（水产养殖业绿色发展技术丛书）
ISBN 978-7-109-27984-1

Ⅰ．①四… Ⅱ．①农… ②梁… Ⅲ．①淡水养殖－鱼
类养殖－生态养殖 Ⅳ．①S964.1

中国版本图书馆 CIP 数据核字（2021）第 038111 号

中国农业出版社出版
地址：北京市朝阳区麦子店街 18 号楼
邮编：100125
责任编辑：王金环
版式设计：王 晨 责任校对：吴丽婷
印刷：北京通州皇家印刷厂
版次：2022 年 12 月第 1 版
印次：2024 年 11 月北京第 8 次印刷
发行：新华书店北京发行所
开本：880mm×1230mm 1/32
印张：6.25 插页：8
字数：200 千字
定价：48.00 元

彩图 1　池坡渠道硬化池塘

彩图 2　池塘清塘

彩图 3　集卵池

彩图 4　产卵池拦网

彩图 5　亲本拉网

彩图 6　亲本挑选

彩图 7　亲本称重

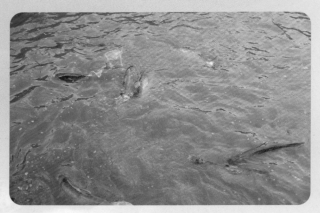
彩图 8　亲本发情

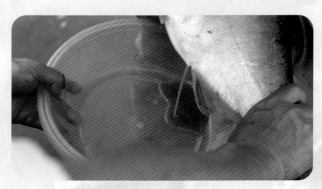
彩图 9　人工授精

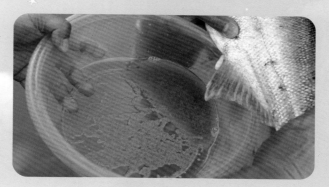

彩图 10 干法人工授精

彩图 11 刚产出的卵

彩图 12 孵化环道中孵化的卵

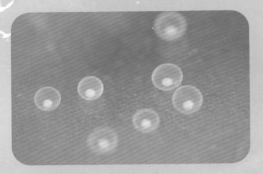
彩图 13　发育中的胚胎

彩图 14　原肠胚中期

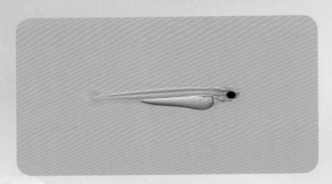
彩图 15　孵化出的稚鱼

彩图 16　鱼苗装袋

彩图 17　充氧

彩图 18　打包好的鱼苗

彩图 19　待售鱼苗

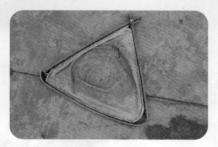

彩图 20　抄网

彩图 21　投饵机

彩图 22　叶轮式增氧机

彩图 23　水车式增氧机

彩图 24　喷水式增氧机

彩图25　建设中的槽道

彩图26　池塘工程化养殖全景

彩图27　槽道养殖

彩图28　人工注射疫苗

彩图 29　草鱼疫苗自动注射装备

彩图 30　机械注射疫苗

彩图 31　微生态制剂制备

彩图 32　微生物制剂泼洒

彩图 33　青鱼肠炎病

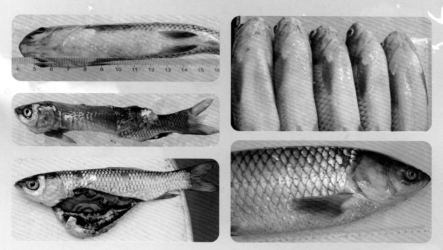

彩图 34　草鱼出血病

彩图 35　草鱼烂鳃病

彩图 36　草鱼赤皮病

彩图 37 草鱼肠炎病

彩图 38 淡水鱼出血性暴发病

彩图 39 开化清水鱼养殖

彩图 40 清水鱼坑塘

彩图 41 "高源一号"古宅养鱼

彩图 42 塘边草地

彩图 43 投喂青草

彩图 44 三产融合

彩图 45　香脆鱼骨

彩图 46　鱼豆腐

彩图 47　香酥鱼片

彩图 48　鱼肉棒

彩图 49　鱼丸

彩图 50　仿虾排

彩图 51　牡丹鱼(草鱼)

彩图 52　黑椒鱼头煲(草鱼)

彩图 53　水煮鱼片(草鱼)

彩图 54　糍粑鱼(草鱼)

彩图 55　松鼠鱼(草鱼)

彩图 56　菠萝鱼(草鱼)

彩图 57　酸菜鱼(草鱼)

彩图 58　阳干鱼(鲢)

彩图 59　水煮鱼(鲢)

彩图 60　胖头鱼火锅（鳙）

彩图 61　剁椒鱼头（鳙）

彩图 62　糖醋鱼块（鳙）